城市地下空间设计理论与实践

高　涛　李炳南　著

中国矿业大学出版社
·徐州·

内容提要

本书内容主要包括城市地下空间资源开发理论、城市地下空间资源评价方法研究、城市地下空间规划、城市地下空间设计、城市地下交通、城市地下公共空间、城市地下储藏、城市地下安全管理、城市地下资源开发的信息化技术。每章以具体案例形式将上述理论研究应用到具体的城市地下空间开发中。本书很好地将城市地下空间开发理论与实践相结合，可供从事城市规划与管理、城市地下空间开发与设计、城市地下工程建设等方面的工程技术人员和科研人员参考使用，同时可为城市地下空间开发的相关政策和决策的制定提供借鉴。

图书在版编目(CIP)数据

城市地下空间设计理论与实践 / 高涛，李炳南著. —徐州：中国矿业大学出版社，2019.11

ISBN 978-7-5646-2834-5

Ⅰ. ①城… Ⅱ. ①高… ②李… Ⅲ. ①城市空间—地下建筑物—建筑设计—研究 Ⅳ. ①TU92

中国版本图书馆CIP数据核字(2019)第273726号

书　　名　城市地下空间设计理论与实践
著　　者　高　涛　李炳南
责任编辑　杨　洋
出版发行　中国矿业大学出版社有限责任公司
（江苏省徐州市解放南路　邮编221008）
营销热线　(0516)83884103　83885105
出版服务　(0516)83995789　83884920
网　　址　http://www.cumtp.com　**E-mail**:cumtpvip@cumtp.com
印　　刷　江苏凤凰数码印务有限公司
开　　本　787 mm×1092 mm　1/16　**印张** 11.75　**字数** 290千字
版次印次　2019年11月第1版　2019年11月第1次印刷
定　　价　45.00元
（图书出现印装质量问题，本社负责调换）

前　言

人类在不断扩大城市规模的同时寻求地下发展空间。地下空间的开发与利用同人类文明进步呼应，其经历了从自发到自觉的漫长过程。特别是从20世纪70年代开始，世界上一些发达国家，如英国、法国、德国、日本和美国等，相继建立了设施完备的地下交通系统、地下商业系统、地下停车场、地下储存系统及其他民用或军事地下建筑。20世纪许多国家已将地下空间的开发与利用作为一项战略决策，进行大规模的地下工程建设。地下空间资源的开发与利用已成为人类文明发展的标志，未来地下工程会有更大发展。

自改革开放以来我国经济快速发展，城市建设和发展对地下空间的需求越来越大，要求越来越高，城市地下空间的发展也越来越快。例如，我国目前大中城市市内交通拥堵，用地紧张，人文历史景观保护与城市发展之间的矛盾也十分突出，借鉴世界上一些发达国家的经验，解决该现状的方法：一方面要加快建设城市地铁、地下商业街、过江隧道等；另一方面要加快建设城市快速铁路、公路主干道以及城市公共设施地下化等。

本书主要针对城市地下空间开发中的评估方法及理论、地下空间规划理论、地下空间设计理论与方法等开展研究，并结合具体案例加以分析。本书是作者基于近年来在城乡规划与设计、城市资源开发等方面的研究成果，并参考相关研究资料撰写而成的。本书的研究工作得到了相关单位及其科研人员的支持和帮助，并参考了相关项目的研究报告和文献资料，在此一并表示衷心的感谢。

本书共计约29万字，其中高涛负责本书1、2、3、4、9章内容的撰写，约15万字，李炳南负责5、6、7、8章内容的撰写，约14万字。

地下空间是城市十分巨大且丰富的空间资源，该资源所具有的特殊性及在城市建设中的特殊地位，决定了对城市地下空间设计理论的研究十分复杂。

由于作者水平所限，书中难免有不妥之处，敬请广大读者批评指正。希望本书的出版能够起到抛砖引玉的作用，为实现我国城市地下空间资源的合理开发与利用和满足我国城市地下空间建设的需求作出一些贡献。

作者

2019年8月

目　　录

1　城市地下空间资源开发与利用的动因

1.1　城市地下空间资源的基本含义

地球表面以下是一层很厚的岩石圈，岩层表面风化为土壤，形成不同厚度的土层。岩层和土层在自然状态下都是实体，在外部条件作用下才能形成空间。地下空间资源是指地球表面以下岩层或土层中天然形成或人工开发形成的空洞，因此根据其形成原因可分为天然地下空间资源和人工地下空间资源。天然地下空间资源是由自然作用形成的地下空间，如在石灰岩体中由于水的冲蚀作用形成的空间，一般称为天然溶洞。人工地下空间资源包括人工开发地下矿山资源而废弃的矿坑或为了某种目的而使用各种技术挖掘出来的空间。

城市地下空间资源的基本含义主要包括以下几个方面：

（1）城市地下空间资源为扩大城市规模提供了十分丰富的空间资源，从而使城市可持续发展。

（2）地下空间资源具有良好的密闭性与稳定的温度环境，适宜建设有掩蔽需求及对环境湿度有较高要求的工程，如指挥中心、储库、精密仪器生产用房等。

（3）利用城市地下空间资源可以节约城市用地、保护农田及环境、节约资源、改善城市交通、减轻城市污染等，如地下交通工程可将废气统一处理而不污染空气。

（4）利用城市地下空间资源开发建设的地下建筑有较强的防灾减灾功能，可有效防御包括核武器在内的各种武器的破坏作用，对地震、风、雪等自然灾害及爆炸、火灾等灾害的抵御能力较强。

（5）城市地下建筑由于处于岩土中，其施工难度大且复杂，一次性投资成本高，但其使用寿命长，一旦建成难以二次修建，因此需要慎重使用。

（6）城市地下空间资源属于自然资源，人类应该对其合理开发利用，促进城市的健康发展。

1.2　城市地下空间资源开发的优势

1.2.1　地理位置优势

土地资源紧张会制约城市发展。城市用地规模扩大且增速过快，势必会侵占农用土地，从而会造成更严重的社会问题。

地下建筑结构的位置优势包括建设在已存在地面设施(图 1-1)的附近或在其他地区规划建设的能力。对于某些工程,一些必需设施位置需要预留,这就要求考虑设施的形式、地面限制和预建地下建筑。如荷兰鹿特丹市布拉克车站,在与地面高速公路、河流相交处采用了地下结构(图 1-2)。

图 1-1　市政地铁系统

图 1-2　荷兰鹿特丹市布拉克车站

在一个城市中决定建造一个建筑物也许受一定形态和位置的影响,这也许会转化为支付额外商业位置的增加费用。例如,如果为了一个商业位置允许支付高额建设费,那么地下建筑也许是可以被接受的,否则不得不将商业建筑建在远离市中心的地方。

许多建筑不得不建在地下,主要受地形、地貌所限。例如高速铁路和高速公路遇到山脉的时候，为了使路线尽量保持直线，此时隧道必不可少。图 1-3 是 19 世纪后期建设的瑞士圣哥达隧道。

图 1-3　19 世纪后期建设的瑞士圣哥达隧道

目前在世界各地大城市古建筑的改造和文化保护工程中均体现了地下空间的优势。另外，在地面空间无法选择的时候，地下空间成为物流最具效率和效益且又能提供扩展功能的唯一场所。瑞典斯德哥尔摩皇家图书馆的地下扩展工程(图 1-4)、法国巴黎卢浮宫地下扩展工程（图 1-5)、法国巴黎拉德芳斯城市中心改造工程(图 1-6)、法国巴黎民族广场下面多水平交通运输设施(图 1-7)和日本东京地铁饭田桥车站地下工程(图 1-8)等就是地下空间利用的典型。

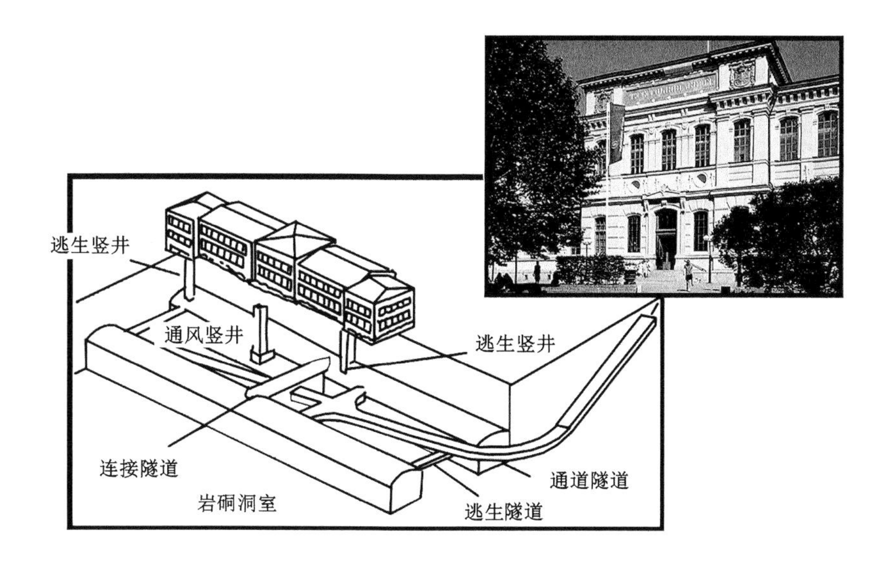

图 1-4　瑞典斯德哥尔摩皇家图书馆地下扩展工程

图 1-5　法国巴黎卢浮宫地下扩展工程

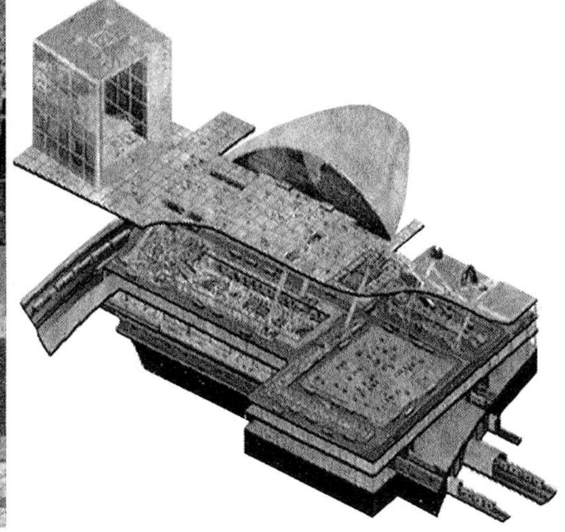

图 1-6　法国巴黎拉德芳斯城市中心改造工程

南京玄武湖隧道西起模范马路，东至新庄立交二期，全长约 2.66 km，其中暗埋段为 2.23 km，总宽度为 32 m，为双向六车道，单洞净宽为 13.6 m，通行净高为 4.5 m。隧道穿过玄武湖、古城墙和中央路，到达芦席营路口后在南京化工大学附近出地面(图 1-9)。以前大量由城市中西部驶向东部地区的车辆需绕道北京东路、龙蟠北路行驶，使得环湖地区交通压力过大，而且加大了中央门、鼓楼、岗子村、新庄等节点的交通压力，使城市交通组织、管理很困难。隧道建成后不仅缓解了中央路等交通要道车流量大而导致的车行不畅、交通拥挤的压力，还大大缩短了驾车时间，使从外地来南京的车辆不需要环湖绕行，可以直接从玄武湖湖底穿行进入市区。玄武湖隧道总投资 8.37 亿元人民币，是南京市规划“经五纬八”路网的重要组成部分，也是南京市市政工程建设史上工程规模最大、建设标准最高、项目投资最多、工艺最为复杂的现代化大型隧道工程。

图 1-7 法国巴黎民族广场下面多水平交通运输设施

图 1-8 日本东京地铁饭田桥车站地下工程

图 1-9 南京玄武湖隧道

1.2.2 气候优势

(1) 热量。在世界上大多数地区的土壤和岩石中，与地面极端情况下的温度相比，在500 m深度以内的温度表现为中等热量环境。

美国明尼苏达州年温度波动图如图1-10所示。在深度约8.0 m处温度大约为5 ℃，这个温度随地面温度变化极小。

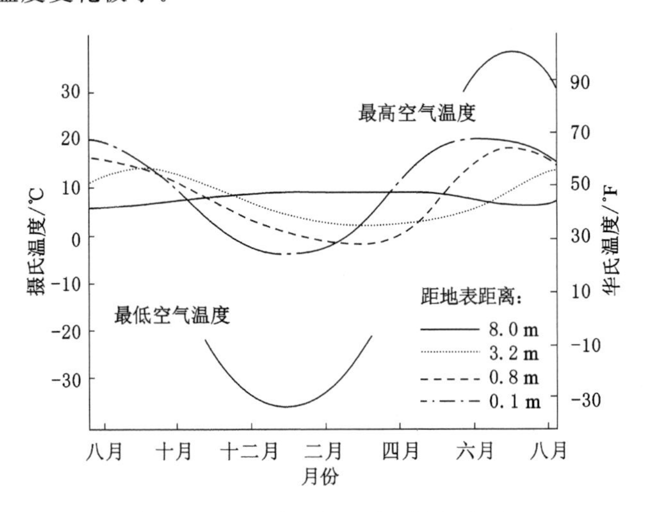

图1-10　美国明尼苏达州年温度波动图

地下环境的气候优势：

① 减少了来自建筑物内冷气候的传导损失；

② 在热气候中，穿过来自辐射和传导的外部圈的热影响是可以避免的；

③ 在热气候条件下，接触土壤后可以冷却；

④ 减少调节空气流通的能量需求。

如芬兰拉普兰省的圣诞老人村(图1-11)和俄罗斯乌拉尔地区在钾盐矿中修建的用于治疗过敏病的地下医院(图1-12)就是充分利用了地下气候的优势。

(2) 严峻的气候。地下结构能够免于飓风、旋风、雷暴、冰雹和其他自然灾害的破坏。最易受到攻击的地下结构部分仅为结构通道入口或者观察口处。

(3) 火。地下结构提供了免受外部火灾的自然保护。虽然通道口是最易受到火攻击的地下结构，但是地下结构是不易燃烧的，能提供极好的隔热结构。在地震或战争等灾害时期，市内火灾是一个需要注意的重要因素，而地下相对较安全。

(4) 地震。地下建筑结构被限制同地面一起运动，因此不会出现像在地表那样通过结构振动效应放大了的地面运动情况。尽管松散岩石结构中地下建筑的轻型支护可能会由于地面运动在地震时受损，但是根据经验地下结构防震性能优良(图1-13)。

1.2.3 防护优势

(1) 噪声。即使土层覆盖较薄，阻止空气传播噪声也是非常有效的。例如位于靠近

(a)

(b)

图 1-11 北极圈唯一的圣诞主题公园——芬兰拉普兰省的圣诞老人村

图 1-12 俄罗斯乌拉尔地区在钾盐矿中修建的用于治疗过敏病的地下医院

(a) 遭到很大破坏的神户市政厅

(b) 神户市政厅下安然无恙的地下商场

(c) 倒塌的神户—大阪高速公路

图 1-13 地上建筑与地下建筑受地震影响对比(1995 年日本神户大地震)

高速公路和机场的噪声环境中的结构，如果建在地下或半地下，则土层覆盖物能很好地阻隔空气传播来的噪声(图 1-14)。

图 1-14　美国苏厄德小镇房屋利用洞室悬崖阻止高速公路噪声

(2) 振动。市区内大的振源包括交通、工业机械和建筑物中央空调系统等。如果振源靠近地表，那么随着地下深度和距振源的距离的增大，振动级别迅速减小。随着深度的增加，高频振动的衰减速度大于低频振动。

(3) 爆炸。像噪声和振动一样，土地吸收振动能量的效果很好。例如穿过浅埋结构的土拱，能大大增加结构抵抗峰值空气冲击波压。地下结构通道口必须设计成能阻止高空超压的通道。

(4) 辐射微尘。辐射微尘由辐射尘粒组成，伴随释放的辐射进入空气中并落在其他物体表面或地面。由于来自原子弹的主要辐射微尘能够被几米厚的钢筋混凝土结构或土壤吸收，因此，防辐射微尘的地下结构，除采用重型结构和土壤覆盖以外，应该限制通向地面的出入口数量。所有地下建筑物开口和通风系统必须要正确保护，并提供合适的防辐射微尘措施。

(5) 工业事故。上述爆炸、辐射微尘和对灾难的防护与军事设施相关，同样地下结构对于多用途工业设施，对有毒化学品爆炸、泄漏等重大的、潜在的灾难防护十分有效。因此，地下结构在危急情况下是最有价值的分担风险防护设施，特别是可以防止污染的空气侵入。

1.2.4　保存优势

1.2.4.1　美观

(1) 视觉印象。如果把相同功能的地表建筑建设到地下，可以极大改善地表视觉效果，避免与地面周围环境出现视觉冲突。虽然在敏感的位置和靠近住宅区的地面设置城市服务设施或工业设施，那是非常不以人为本的，如果选择地下建筑，视觉问题则不存在。但是是否将所有的服务设施设置在地下，主要由视觉印象决定。像北京街头机动车道上的电线杆，显然存在视觉冲突，应当埋在地下(图 1-15)。图 1-16 是法国马赛斯蒂安那多尔夫广场停车场改造前后的情况，改造后不但环境变得优美，而且保存了城市地面开阔的环境，把视觉冲突留在地下。

（a）改造前

（b）改造后

图 1-15　北京街头机动车道上的电线杆

（a）改造前

（b）改造后

图 1-16　法国马赛斯蒂安那多尔夫广场停车场

（2）室内特性。地下结构能够提供与地表结构完全不同的内在特性。隧道、洞室和自然岩石结构的组合，处于一个安静的、隔离的空间中，使人无尽想象。许多国家已经开发了地下休闲场所，使人们能在一个安静的环境中放松自己。例如，挪威哥吉维克奥林匹克山大厅（图 1-17）、芬兰某地下游泳池（图 1-18）、芬兰某地下滑冰场（图 1-19）、芬兰赫尔辛基岩石中的地下教堂（图 1-20）等都是地下建筑与地下岩石结构融合的典范。

1.2.4.2　环境

（1）自然土地保护。地下建筑不仅有利于避免出现前面提到的视觉冲突，而且特别有利于当地自然土地的保护。

（2）生态保护。可以使用地下结构来保护自然植被，而且对当地生态圈很少造成破坏。同地面建筑相比，地下建筑对动植物起到广泛保护作用。

（3）降雨保持。保护地表的结果是降雨得到过滤，地下水补充得到改善，洪水造成的

图 1-17 挪威哥吉维克奥林匹克山大厅

图 1-18 芬兰某地下游泳池

图 1-19 芬兰某地下滑冰场

图 1-20 芬兰赫尔辛基岩石中的地下教堂

水土流失减少。澳大利亚悉尼歌剧院地下停车场建于风化砂岩中，上覆岩层仅 7～8 m，共分 12 层，为螺旋形地下结构(图 1-21)。

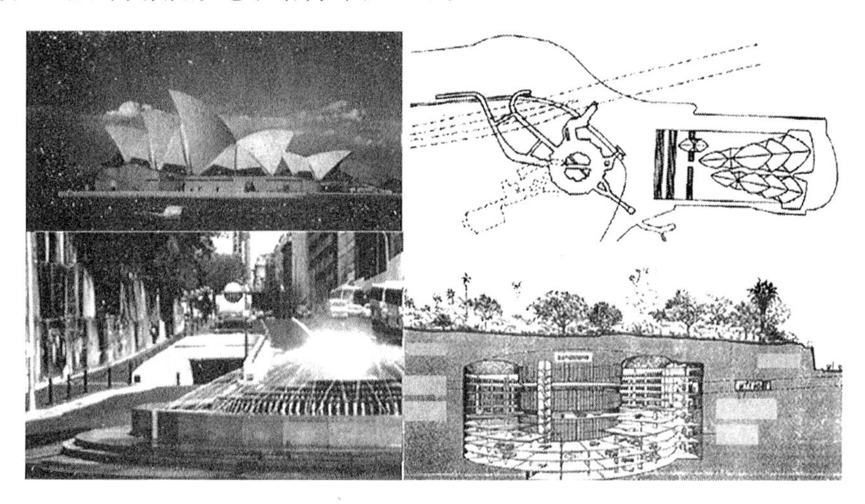

图 1-21 澳大利亚悉尼歌剧院地下停车场

1.2.5 规划优势

对于地下设施规划，在地质条件、经费和土地拥有权限等条件允许范围内，从地面往下分层设计，可以利用地下空间二维系统和三维系统资料(图 1-22、图 1-23、图 1-24)。

不同功能的地下设施分布在地下二维和三维空间中。在丘陵地形中，只要把设施建在地下，交通和功能隧道是不受地形限制的。如果近地表地下空间限制地铁系统的开发，那么还可以建设深部地铁系统，如东京深部地铁。

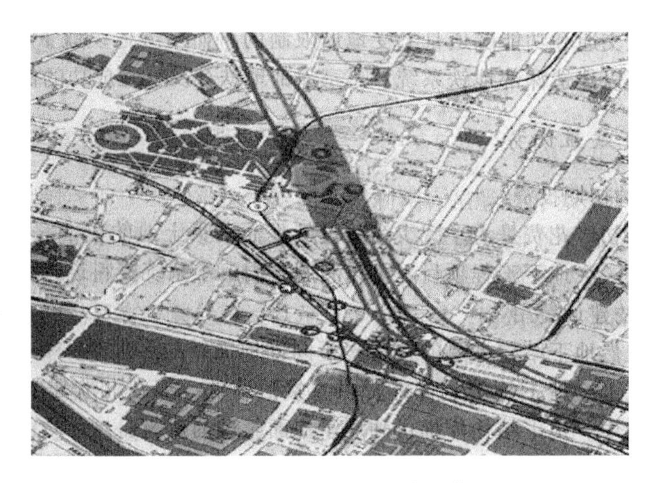

图 1-22　地下空间二维系统

图 1-23　地下空间三维系统

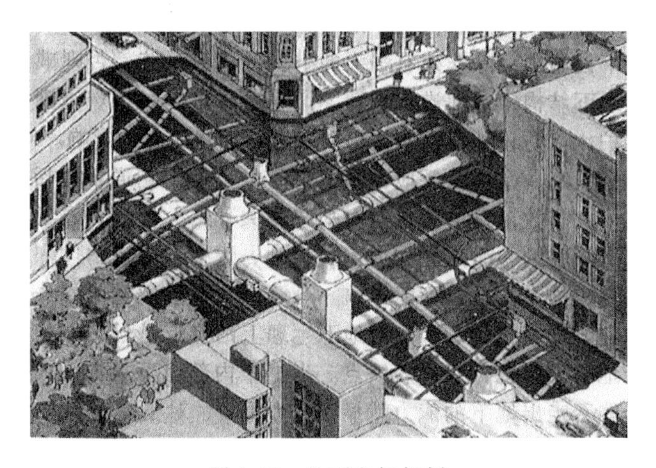

图 1-24　地下空间规划

1.2.6 综合效益优势

1.2.6.1 节约初期投资

节约初期投资是指减少建设工程所需要购买土地的成本。与地面设施没有发生冲突时,地下工程项目可以利用市内三维系统资料进行设计。

1.2.6.2 节约建设费用

在设施费用上,虽然地下结构比同等地面结构多,但是某些特定地质环境、设施规模和设施形式,地下施工也许能够更节约建设费用。如在北欧建的地下石油储存库,严酷的环境下在地下结构中可修建独立于地面气候的建筑。

如果地下空间是在地质矿产中挖掘的,而且挖掘出来的矿物有一定经济价值,那么通过出售矿物可以抵销部分挖掘费用。

1.2.6.3 运营与维修费用

地下结构受破坏概率小,因此维护费用低。由于温度波动、紫外线辐射、冻融损坏等减少,所以地下结构物老化速度降低。

1.3 城市地下空间资源存在的缺陷

在地下安置设施需要与地下的地质环境有交互作用,而且地质环境有时极差。在地下工程施工前准确探测地质条件是困难的,每个掘进循环过程都增加了工程的不确定性。对于在已有的地下空间中新增服务设施,施工条件由地质环境决定。

地下结构的隔离对一定形式的设施可能产生热量劣势。例如,地下设施中除非建有强大的空调或通风系统,否则减少多余的热量是困难的。对于许多地下结构,地面进水、地下涌水、地下渗水是一个难以满意解决的问题。应对地下结构进行保护,以防止受地面洪水、消防水和地面水泄漏的影响。

地下空间的负面影响通常包括昏暗、潮湿的环境以及不新鲜的空气。地表通常有正常的参考点,如太阳、天空、邻近物体和空间,而在地下则无法看到。在地下没有户外方向感,可能会产生与大自然失去联系的感觉,而且也没有接受来自气候条件变化的刺激。在地下,生理上的焦点是自然光缺乏和通风条件差。尽管目前的技术已经极大地提高了地下结构设计水平,但是去除人类在地下时所有的心理障碍还是比较困难的。

1.4 城市地下空间资源开发的动因分析

1.4.1 可持续发展战略是必然趋势

1992 年,联合国环境与发展大会通过了《关于环境与发展的里约宣言》。我国也已编制完成并公布了《中国 21 世纪议程》,我国城市化高度发展,预计到 21 世纪中叶城市化率将达到 65%,因此,实施城市可持续发展必须节约资源和保护环境,实现城市建设与资源、环境协调。

土地资源具有自然属性、经济属性和社会属性，是人类赖以生存的自然资源。土地的功能主要有：(1) 土地的养育功能；(2) 土地的空间承载功能；(3) 土地的文化功能；(4) 土地的财产功能。

土地资源的主要特性有：(1) 面积有限；(2) 不可替代；(3) 不可再生。

目前我国城市使用土地资源的现状：

(1) 我国城市发展沿用粗放经营模式。

(2) 城市土地利用的集约化程度处于国际较低水平。

(3) 存在大量的占用耕地现象。

(4) 土地沙化严重。

由此可见，城市人口急剧增加与地域规模限制之间的矛盾已成为中国城市发展的突出矛盾。我国城市发展只能采用土地资源利用集约化模式。

1.4.2 城市人口增长因素的影响

国家统计局的数据显示，2019 年常住人口城镇化率已达到 60.6%左右。现阶段按照国际经验，农村人口会加速向大都市圈转移，尤其是会向几个大区中心城市以及经济发展较快的省会城市、计划单列市转移。

随着经济发展进入转型升级新阶段，中心大城市对区域经济的引领带动作用日益突出。目前包括济南、南京、杭州、郑州、武汉、成都、西安等强二线城市都在积极做大做强中心城市平台，集聚高端要素、人才，引领带动区域经济的发展和转型升级。分地区来看，东部沿海发达地区已经处于相对成熟的阶段。京、津、沪三大直辖市的城镇化率都超过了80%，广东、浙江、江苏等发达省份的城镇化率也接近 70%。未来东部沿海发达地区城镇化一大特点是人口从中小城市流向中心大城市，不同城市之间的分化将进一步加剧。2018 年 10 月 10 日，国家发展和改革委员会发布的《关于督察〈推动 1 亿非户籍人口在城市落户方案〉落实情况的通知》指出，推动 1 亿非户籍人口在城市落户是推进新型城镇化高质量发展的重要任务，是扩大内需和改善民生的有机结合点，是全面建成小康社会惠及更多人口的内在要求。目前，广大中西部地区的城镇化率仍比较低。2018 年，河南、四川等人口大省以及西南地区的广西、云南、贵州等都不足 50%。

根据对城市地铁的统计，截至 2018 年年初，我国内地总共有 35 个城市建成并投运了地铁，总运行轨道线路里程达 5 027.36 km。其中 2017 年新增的地铁运营城市主要包括银川市、厦门市、贵阳市、珠海市和石家庄市，这从侧面折射出当前我国城市经济具有很强的发展潜力。而对于我国重要的超大城市而言，截至 2019 年，上海的地铁总计 17 条线路，里程达到了 705 km；北京的地铁总计 21 条线路，里程达到了 626 km；广州的地铁总计 14 条线路，里程达到了 454 km；深圳的地铁总计 8 条线路，里程达到了 286 km。此外，成都市、重庆市以及武汉市等中西部地区的城市也在加紧修建地铁。

目前，我国已有 16 个千万级人口的城市，主要包括北京、上海、广州、成都、天津、深圳、哈尔滨、苏州、西安等。这些城市的地下空间开发较早、规模较大，因此城市人口是城市开发地下空间资源的主要动因。

1.4.3 改善城市交通现状

交通是城市能够可持续发展的关键。交通阻塞、行车速度缓慢是我国许多城市普遍存在的突出问题。道路的增长永远跟不上机动车保有量的增长，同时还存在停车难问题。为改善上述城市交通现状，可借鉴加拿大蒙特利尔市的经验——建设城市地铁交通网与地下通道、地下停车场、郊区火车站相结合的体系，是减少大城市中心区汽车数量和治理城市大气污染的有力措施。

1.4.4 改善城市生态环境

当前城市生态环境形势相当严峻。北京、兰州、西安、上海、广州是曾被列入世界十大空气污染严重的城市；北京、上海、成都等城市都曾出现不同程度的光化学烟雾；酸雨面积占国土面积的比例较高；城市水污染严重，缺水矛盾加剧；垃圾围城现象普遍存在；噪声污染普遍超标；建筑空间拥挤，城市绿化减少。

针对城市环境恶化现象，国内外学者提出了许多改善措施，主要包括：(1) 发展地铁、轻轨，减少汽车尾气排放；(2) 改变燃料结构，使用清洁能源；(3) 加强城市绿化；(4) 建立城市地下污水收集、输送与处理的统一系统和垃圾、废弃物的分类、收集、输送和处理的统一设施；(5) 地下空间的利用使得建筑用地中有更多的面积可以用来设置城市花园广场，从而改善城市环境。

例如，芬兰赫尔辛基市地下污水处理厂设置在未来居民区地下 100 万 m^3 的岩洞中，它能高效处理 70 万居民的生活污水和城市工业废水，节省了宝贵的地面建筑用地，消除了污水处理时散发的恶臭；美国佛罗里达州近年来扩大在高层建筑的地下室设置垃圾自动分类收集系统；2019 年 7 月 1 日，《上海市生活垃圾管理条例》正式进入实施期，意味着垃圾分类由道德要求正式变为强制要求，制度改善。

1.4.5 提高城市综合防灾能力

城市的抗灾能力是城市可持续发展重要内容。对于人口和经济高度集中的城市，不论是战争时期还是和平时期，自然灾害都会给城市带来人员伤亡、道路和建筑破坏、城市功能瘫痪等重大灾难。如 1988 年我国杭州市遭到台风袭击，由于供电线路大部分架在地面上，90%被摧毁，15 d 后才全部恢复。

实践表明，灾害对城市的破坏程度与城市对灾害的防御能力成反比。如 1995 年，日本阪神地震中，按抗震标准设计的建筑多数完好无损；1989 年，旧金山发生强烈地震，由于其城市基础设施抗灾能力较强，震后 48 h 生命线就完全恢复。

地下空间具有较强的抗灾特性，对地面上难以抗御的外部灾害有较强的防御能力，如战争空袭、地震、风暴、地面火灾等。地下空间能提供灾害来临时的避难空间、能储备防灾物资以及具有救灾应急安全通道。

目前在我国城市规划设计中缺少对地下防灾空间的规划，提高城市抵抗自然灾害的能力具有重要作用。在城市中建设便于维修、管理与检查的多功能共同沟，可以减少对马路的反复开挖以及施工对交通和城市居民生活的影响，同时也便于市政设施的维护检查和拆换。

1.4.6 解决"城市综合征"的有效途径

1977年在瑞典召开了第一界地下空间国际学术会议;1980年在瑞典召开的"Rock Store 80"国际学术会议,产生了一份致世界各国政府开发利用地下空间资源为人类造福的建议书;1983年联合国经理事会下属的自然资源委员会通过了确定地下空间为重要自然资源的文本;1991年,在东京召开的城市地下空间国际学术会议上发表的《东京宣言》就明确指出:"21世纪是人类开发地下空间的世纪"。国际隧协为联合国准备了题为"开发地下空间,实现城市的可持续发展"的文件;其1996年22届年会的主题就是"隧道工程和地下空间在城市可持续发展中的地位";1997年在加拿大蒙特利尔召开的第七届地下空间国际学术会议的主题是"明天——室内的城市";1998年在莫斯科召开了以"地下城市"为主题的地下空间国际学术会议。国际上在对待开发城市地下空间资源的态度上提出了将一切可转入地下的设施转入地下。甚至有学者预测:21世纪末将有1/3的世界人口工作、生活在地下空间。

因此,以高层建筑和高架道路为标志的城市向上部发展模式不是扩展城市空间的最合理模式。因为以往的高层建筑、高架道路的过度发展,使城市环境迅速恶化;城市用地过度紧张,使得进行城市的改造与再开发十分困难。而充分利用地下空间可以扩大空间容量,可以提高集约度,消除步车混杂现象,使交通顺畅,商业更加繁荣,同时也可增加地表绿地面积。

综上所述,城市地下空间资源的开发利用可以有效节约土地资源、能源和水资源等,可以有效改善城市交通现状、改善城市生态环境和提高城市综合防灾能力。

2　城市地下空间资源开发的基本理论与方法

2.1　城市地下空间资源开发的立法

2.1.1　城市地下空间资源相关法律问题

虽然近年来多个城市对地下空间进行了规划和建设并且取得了一定的成绩，但是必须看到，相对于地面空间资源开发利用来说，地下空间资源开发的竞争力仍显不足。因而如何实现地下空间资源开发价值是当前亟须解决的问题，而这个问题的解决与地下空间的所有权和使用权以及地下建筑物、构筑物的产权有着密切联系，总的来说就是要首先解决城市地下空间资源立法中的地下空间权问题。

在地下空间资源的潜在价值被发现之前，几乎所有土地私有制国家都将土地所有权范围延伸到与其面积相对应的地面空间和地下空间。日本、德国在其民法中明确规定了土地所有权范围包括地表、地上和地下三部分。《日本民法典》第二百零七条规定，土地的所有权范围包括土地的上部和下部。《德国民法典》第905条规定："土地所有权人的权利扩及于地面上的空间和地面下的地层。"同样，美国、瑞士和法国都有类似的规定。这样的法律规定致使对地下空间的开发利用受到限制，考虑到公共土地不需要支付土地费用，一些城市的地下空间资源开发被迫只能在有限范围的公共土地下进行。例如日本，其地下商业街就多建在诸如城市广场、重要街道以及公园等公共土地之下，而对街区内的私有土地下面的地下空间资源的开发和利用，因为需支付费用，所以相对来说较难实现高开发价值。

随着土地的私有制和对城市地下空间资源开发利用的需求之间的矛盾日益突显，对土地所有权的重新定义和解释引起了全世界的关注。早在1987年，国际隧道协会执行委员会就委托"地下空间规划工作组"研究地下空间资源开发利用在法律和行政方面的问题，并由当时的美国明尼苏达大学地下空间中心承担了研究任务，他们向国际隧道协会37个会员国发出了调查问卷，其中19个国家的有关组织做出了反应，经过整理后于1990年提出了调查报告。其中，针对"对于土地的私有者或公有者，使用权是否一直达到地球中心?"这一问题，在收到的19份回答中有14份是肯定的，其余的5份分三种情况：3份是私有土地的6 m以下为公有；1份是权限达到有价值的深度；还有1份是地下空间和土地一样均为公有(报告来自中国)。可见各国依据自己的具体情况而持有不同的意见。同时，为了解决这个日趋激化的矛盾，各国纷纷出台了一些临时性措施，为相关法律的出台打下了良好的基础。这些措施主要分为两类：一类是规定土地所有权所达到的地下空间深度，例如芬兰、丹麦、挪威，规定私人土地在 6 m 以下为公有；另一类是要求地下空间资源的开发者向土地的所有者支付一部分低于土地价格的补偿，例如日本的补偿费为土地价格 20%左右，具体费用由双方协商确定。然而，这一矛盾的最终解决方法必须通过立法来彻底消除土地所有权对地下空间的权限。

在我国，虽然土地公有制使我们不会面临私有制国家所要解决的土地拥有者和城市地下空间资源开发者之间的矛盾，但是长期以来对于地下空间资源的无偿使用也已经对科学、系统地开发地下空间资源造成了不利影响。所以，地下空间所有权和使用权问题的解决对于我国地下空间资源开发利用有着重要意义。

此外，明确界定地下空间开发所形成的地下建筑物、构筑物的产权也是我国在建立城市地下空间资源开发利用法律体系过程中亟须解决的关键问题。近年来，由于地下建筑物（尤其是地面上没有建筑物的单建式地下建筑）的产权不明引起的纠纷层出不穷，这严重影响开发商对地下空间开发利用的投资热情。所以，尽快明确地下建筑物的产权，对推动我国城市地下空间资源开发利用有着重要的现实意义。

综上所述，制定和健全法律法规，以明确地下空间资源的所有权、规划权、管理权、使用权以及相关的技术标准、规范，使城市地下空间资源的开发利用法制化，是我国城市地下空间资源开发利用的必经之路。

2.1.2 发达国家地下空间资源开发的立法

2.1.2.1 美国

美国是最先关注空间权立法的国家，其各州的政策与法律都自成系统，但是差异较大。最早确立空间可以租赁及让渡的判例是在 19 世纪 50 年代。20 世纪初，将土地上下空间进行分割并确定范围进而出售、出租该空间以获取经济利益屡见不鲜。20 世纪 20 年代之后，由于城市人口急剧增长，美国进入了城市土地立体开发利用时期。伊利诺伊州于 1927 年制定的《关于铁道上空空间让与与租赁的法律》是美国关于空间权的第一部成文法。1970 年，美国有关部门倡议各州使用“空间法”这一名词来制定各自的空间权法律。1973 年俄克拉荷马州制定的《俄克拉荷马州空间法》备受瞩目，该法规定：空间是一种不动产，它与一般不动产一样，可以所有、让渡、租赁、担保和继承，并且在课税及公用征收方面也与一般不动产一样，依照相同原则处理。英国和美国并未将空间权纳入对土地利用之特殊形式中，而是将空间所有权与土地所有权完全区分开来，将空间作为一种与土地完全不同的客体来对待。

明尼苏达州是美国较早进行地下空间开发的地区之一，其相关立法具有一定的代表性，下面对明尼苏达州的空间权立法情况进行简要介绍。对明尼苏达州首府的地下空间及一些废矿地下空间进行的开发利用，效果很好且较为经济，人们逐渐认识到地下空间开发的潜在价值，认为地下空间开发比地上空间开发更富有竞争性，然而现有的联邦法律制度却限制了这一潜力的进一步发挥，因此地下空间立法迫切。为了最大限度地发挥地下空间的潜在价值，增加地下空间开发商的投资信心和热情，首先要保证他们不会在法律上耗费太多时间。于是州政府着手修改和补充了一些现行的城市建设条款，其主要内容为地下空间开发条款。同时，为了满足不断增长的城市地下空间资源开发需求，州政府于

1985 年颁布了《明尼苏达州地下空间开发条例》。

条例主要内容包括：地下空间开发的权利规定；地下开发区域支配权规定；签约的权利规定；征税及财政补贴的规定；提供公共简易设施的规定；合同签订的规定。条例还特别授权政府采用综合规划、地域规划和其他土地使用管理办法，保护用于公共和个人团体地下空间开发的区域。条例还涉及对未开发地下空间资源进行保护的措施。

该条例的颁布，一方面使开发商在开发利用地下空间时有法可依，另一方面，各市政府还能依据该条例，利用强大的财政工具帮助各地政府进行地下空间开发。这样，就以立法的形式强力推动和促进了明尼苏达州的地下空间开发利用。

2.1.2.2 日本

日本地域狭长，四面环海，是多山群岛之国，平原较少（占总面积 25%），全国 80%的人口密集分布在中部和太平洋沿岸狭长窄小的平原地区。尤其大中城市十分拥挤，东京、大阪、横滨、名古屋四大城市的人口约占总人口的 20%。所以近代以来日本从本国的自然资源情况出发，特别是随着工业化、城市化的发展，把开发利用城市地下空间作为有效利用土地资源以维持生态平衡的重要手段。日本最早关于地下空间开发的法律是 1890 年颁布的《水道条例》，该法对在城市地下铺设上、下水道进行了规定。

日本的地下空间开发和建设迅猛发展，除了因为强大的经济实力外，极大程度上是得益于较为完善和健全的地下空间开发利用法律体系。

（1）地下空间利用的基本法令

《日本宪法》第二十九条第二项对财产权作了如下规定："财产权的内容应适合于公共福利，由法律规定之。"而地下空间利用的规定要委托宪法以外的法律。因此，在日本地下空间利用，第一要依据民法上的土地所有权和土地利用权的有关规定，第二要依据各项行政法规。

① 有关土地所有权的规定：《日本民法典》第二百零七条规定："土地的所有权于法令限制的范围内，及于土地的上下"。与美国、瑞士、法国一样，这项民法在日本也被理解为：土地的所有者，可以行使其实际利益的空中及地下的所有权，但不能侵犯不涉及其利益的高度和深度。

② 地下空间利用权：将他人土地的地下空间截开并加以使用，作为权力来看，有三种，即地役权、租借权、区分地上权。1966 年日本政府为了适应对地下空间开发的需要，对民法进行了修正。《日本民法典》第二百六十九条第二项引入了区分地上权。

a. 区分地上权的含义：在日本区分地上权是指在地下拥有建筑物的权利，例如，需在地下 5～15 英寸范围内明确确定可建设，即在此范围内建设地铁、地下街、地下停车场等建筑，这种权力就叫区分地上权。地下建设的建筑物所有权归区分地上权这一方所有，在区分地上权消失后，该地下建筑物应该自动归还于土地所有者，但实际上大部分地下建筑物是永久性的，如地铁、隧道，要收回来几乎不可能。

b. 有效期：区分地上权的有效期可由契约双方协商制定。在契约中，有效期可签订为签永久性的和有限时间范围的。

c. 区分地上权的效力：区分地上权可以向土地所有者支付地租，也可以是无偿借用。地租可以一次性付清也可以分期付清。区分地上权即使没有得到土地所有者的允许，同样有效。区分地上权可以在协商契约规定的范围内利用地下空间，不涉及区分地上权部分的地上空间，土地所有者在其领地可自由使用，但应在契约内协商限制土地所有者使用的相关条例。例如，为了不给地下空间利用造成障碍，特别约定不允许土地所有者在地表建设建筑物的重量超过某个标准。因此可以看出，《日本民法典》中区分地上权的法令保障了地下空间资源的开发利用权益，其权力很大。

(2) 地下空间专门立法——《地下深层空间使用法》

日本颁布的《地下深层空间使用法》是为了保障因公共利益而使用地下深层空间的需求得到满足，其适用范围仅限于东京圈、名古屋圈和大阪圈。

① 地下深层空间的定义。该法律对地下深层空间进行了定义，指通常难以利用的地下空间。究竟地下多少米以下属于地下深层空间呢？它的标准是：把通常建造地下室达不到的深度（地下 40 m 以下）同通常设置建筑物基础达不到的深度（沿支撑层上算起 10 m 以下）进行对比，哪个深就以其深度作为该地区地下深度空间的基准。所谓支撑层，以东京为例，是指西部区域在地下约 20 m 深处，东部区域在地下约 60 m 深处存在着的硬度系数超过 50，支撑着东京所有的超高层建筑基础的地层，一般被称为东京砾石层。要准确确认支撑层存在与否以及它的位置，必须通过钻探进行地基情况调查。此外，《地下深层空间使用法》的施行，保证公共事业类项目优先，即在使用该法律的地区中，土地所有权人能自由使用的地下空间，是在被认定为地下深层空间以上的空间，而且它的具体深度由每块土地的地基调查结果决定。对于被确定为地下深层空间的部分，由国家自主规划，土地所有权人没有使用权。

② 利用地下深层空间的批转手续。在日本，要在地下深层空间建设公共事业项目的单位，应按照国家规定的有关利用地下深层空间的基本方针，制定项目概要并提交项目主管大臣或都、道、府、县知事。在提交的项目概要被公布供自由阅览的同时，还要分发给由都、道、府、县行政机关组成的协会，以便做好同其他项目之间的协调。

此外，基建单位要对地基状况和地下已经存在的设施情况进行调查，并将调查结果附在报批申请书后面交给国土交通大臣或都、道、府、县知事，在经过申请书公告、供人自由阅览、相关当事人交换意见书、举办说明会、听取有识之士的意见等程序后，最终由国土交通大臣或都、道、府、县知事审查批准。获得批准者自批准公布日起取得相关地块的地下深层空间使用权，可开始实施项目。

③ 地下深层空间使用权的性质及登录簿的配制、公开。日本颁布的《地下深层空间使用法》没有把基建单位取得的地下深层空间使用权作为私权，而是作为同土地征用法一样的公用使用权来对待。因此，地下深层空间使用权的效力、内容等，只是权利所涉及范围被限定在地下深层空间的立方体项目区域内，其他方面是与土地征用法的地下使用权同样对待的。同时对地下深层空间使用权达成共识，不采用与不动产相同的登记制度，而是登记在登录簿上进行公示。

④ 深层空间的使用和损失赔偿。该法律规定了土地所有权人如果因地下深层空间使用权的被行使，造成自己行使权力受到限制且事实上遭受损失的，可在公示日起一年内要求赔偿。

2.1.3 地下空间权问题

由以上的分析可知，地下空间权概念的提出，主要是因为人们不断开发利用地下空间而使地下空间具有独立的经济价值，需要地下空间权成为一项独立的权利，因为这些空间都有各自的经济价值，而且其离开地表具有独立支配能力，因而与传统土地所有权以地表为中心具有上下垂直空间的支配力不同。

目前我国学者对地下空间权展开了讨论。关于地下空间权性质，形成了两种观点：一种观点认为地下空间权不是一项新的物权种类，而是对在一定空间上所设定的各种物权的综合表述。另一种观点认为空间权是一项新的、单独的物权，认为空间利用权作为物权法中的一项权利，可以与土地所有权和使用权发生分离，因而可以成为一项独立物权——由于空间利用权可以基于土地所有权人、使用权人的意志在特殊情况下与土地所有权和使用权发生分离，且可以通过登记予以公示，因而空间利用权可以成为一项独立的物权。

2.1.4 我国现有地下空间资源开发中的相关法律问题

在《中华人民共和国城市规划法》《中华人民共和国城乡规划法》《中华人民共和国土地管理法》《中华人民共和国矿产资源法》等与地下空间开发利用相关的法律中，缺乏对地下空间开发利用作具体规定和说明，与城市地下空间资源在城市发展中的价值极不相称。

(1) 法律没有明确规定国有土地的地下空间所有权主体。

《中华人民共和国土地管理法》规定，我国“实行土地的社会主义公有制”，“城市市区的土地属于国家所有”。《中华人民共和国矿产法》规定，“地下矿产资源属于国家所有”。但若沿引这两条法律认为城市地下空间归国家所有显得有些勉强，因为以上法律既没有明确城市土地的地下部分哪些属于国家的权力范围，也没有明确规定地下空间是一种资源。因此，为了保证城市地下空间利用的合法性，必须尽快明确国有土地的地下空间所有权主体。

(2) 法律对已转让土地使用权土地的地下空间权属界定不清。

《中华人民共和国土地管理法》规定，我国实行土地所有权和使用权分离制度、国有土地有偿使用制度以及土地使用权登记制度。根据我国目前对建设项目的管理程序，任何单位或个人在依法获取土地的使用权和“两证一书”等允许建设的文件后，其建设项目经过建成验收即可到当地产权登记部门确认建筑产权，其中商品建筑物就可以直接进入流通领域。由于以往社会上没有出现大规模的地下空间开发需求，所以上述程序的运行没有出现大的问题。但是现在不一样，以地铁建设为契机的地下空间开发热潮对以上法律程序提出了新的要求。应在法律中明确城市地下空间中哪些部分已经被依法转让出去，哪些范围还属于国家所有，尤其是那些依法有偿获得土地所有权的业主，他们对地下部分的权属如何界定？否则一旦出现土地获得者对地下空间提出无限深度利用要求，将严重妨碍城市地下空间的利用，尤其是以公共目的为主的地下空间的利用。

但是，根据我国现有的法律、规章和制度，还难以明确那些已经转让土地使用权的土地地下空间权属范围，这必将影响政府和企业开发利用地下空间计划的制定和实施。

（3）指导城市地下空间利用的地方性法规体系尚未建立。

地下空间开发是对土地的再利用，往往有很多经济成分参与。对政府而言，既要建立公平的市场机制，又要保证有限的资源不至于被一拥而上的开发所破坏。因此，建立相关的法规、制度来规范政府和企业的行为，明确投资者的权利和义务是一个必须解决的新课题。

例如，从合理利用地下空间资源的角度出发，需要确定城市中哪些区域是适宜开发的？适宜开发的深度是多少？哪些区域是潜在可利用的？这些都需要在城市规划法规体系中予以明确。

又例如，根据什么样的原则来确定哪些土地可以出让地下空间使用权？如何进行测算地下空间的地价？如何进行地下空间使用权的转让、租赁、抵押、继承等？这关系到投资者的利益能否得到保障，会影响投资者的信心，所以必须在有关城市土地产权法规体系中予以明确。

再例如，政府应当如何处理不同目的投资者对地下空间的不同使用申请？有多家业主但地面产权分割明晰的地段，需要进行地下空间的统一利用时，地下部分的权利和责任如何明确？如何保证公共利益的实现（例如保证地下街中公共通道的卫生、消防、安全、救援以及在非营业时间的畅通）？如何规定地下设施的附带义务（例如为埋设管道需穿越相邻建成区）？以上这些都必须在城市管理法规体系中予以明确。

2.1.5 现有法律法规体系的完善

（1）从法律上明确国家拥有地下空间所有权。

在法律释义或地方法规中，可以援引《中华人民共和国土地管理法》第九条——“城市市区的土地属于国家所有”，明确地表以下土地空间为国家所有；或者援引《中华人民共和国矿产资源法》中“地下资源属于国有”的规定，阐明地下空间也属于一种资源。以此明确：规划区内地表以下的土地空间为国家所有。由于中国实行土地公有制，故只需要通过法律明确国家对地下空间资源的所有权，即可从根本上保证在地下空间领域的公共利益和国家利益。

（2）通过法律明确地下空间使用权及其主体的责任、义务权属范围。

由于我国实行土地的所有权和使用权分离制度，因此，为保护依法获得土地使用权的投资者的合法权益，在明确国家对地下空间的所有权之后，还需要明确地下空间使用权的主体、主体的权利范围、责任等。

对已经依法出让地表土地使用权的土地，应当通过法律程序确认其地下空间的权属范围，明确其地下空间使用权，即地下空间权。建议此范围界定为地表以下至建筑物、附着物的基础最深处平面以上的三维空间。对于最深基础埋置深度，现有建筑按现状确定，未建项目由主管部门在建筑设计报建审查时确定。相应那些未出让的土地地下空间范围的使用权则为国家所有。这部分空间，可以根据城市规划要求，作为城市公共地下空间或依法出让。

可以通过三维空间坐标定位系统来界定宗地范围，并在土地出让合同中根据每块地的具体情况对地下空间的范围、用途、年期、利用要求等作出相应规定。

(3) 建立完善的城市地下空间资源开发利用管理法规体系。

除了对现存有关城市地下空间资源开发的法律、法规进行完善外，在条件成熟的情况下还可以根据国情制定一整套具有中国特色的城市地下空间资源开发利用的法律、法规，这个体系大致包括规划管理法规、投资市场管理法规、建设管理法规和使用管理法规等。它涉及规划、投资、建设、经营、维护等方面，且涉及多个政府相关部门(包括规划、人防、建设、交通等)。其具体内容如图 2-25 所示。

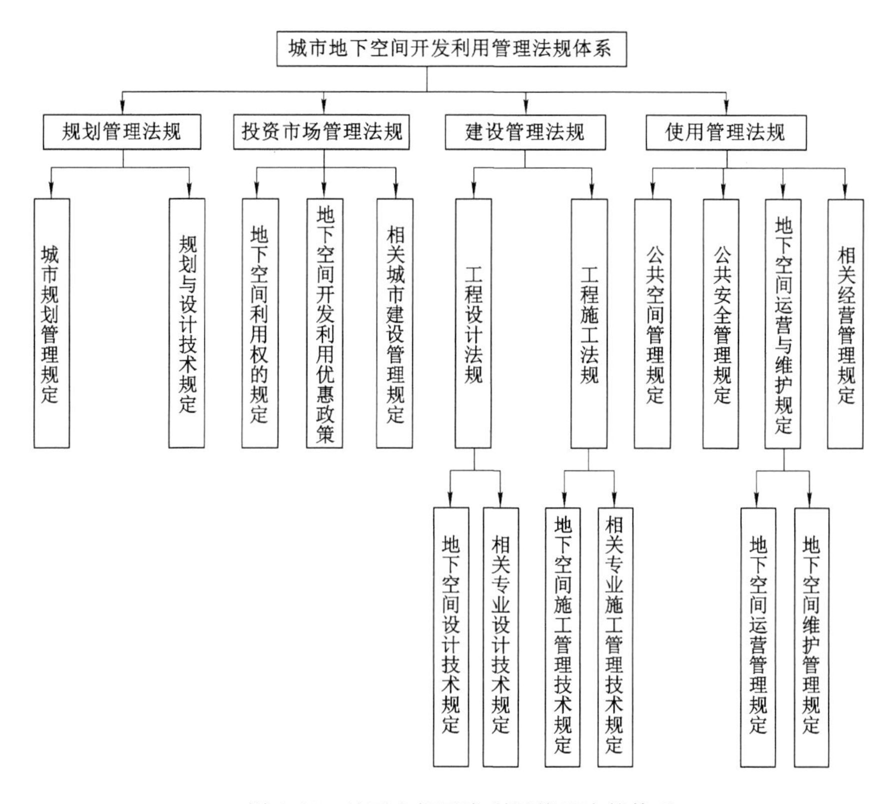

图 2-25 地下空间开发利用管理决策体系

① 城市规划与设计行政管理法规。

由于《中华人民共和国城市规划法》和各地城市规划条例中没有地下空间利用规划及管理的相关规定，从长远来看，有必要完善对城市地下空间利用规划及管理的规定。如地下利用涉及的开发深度、水文地质、工程线路、防护安全措施、与地表及相邻建筑关系的处理、灾害评估等内容。可将城市地下空间的规划纳入整个城市规划中，这样不但可以避免盲目性，而且可使城市地下空间的开发有法可依。

② 地下空间开发利用的投资市场管理法规。

其主要作用：明确地下空间权和地下空间使用权；处理政府、地下空间主管部门及投资者三者之间的关系；鼓励投资，积极推动地下空间开发利用，使地下空间的开发利用在企业层次上进行操作。

其主要内容：对地下空间权进行界定；明确与地下空间使用权相关的规定；制定、出台地下空间开发利用优惠政策。

一是在明确地下空间权基础上解决相关权属问题，规定地下空间的所有权为国家所有，规定专门的地下空间开发利用管理组织，建议由政府牵头，以人防部门为主导，各政府部门共同参与组建地下空间开发利用指导委员会（如日本）；二是鼓励和支持企业、社会团体和个人，通过多种途径，对地下空间的开发利用进行投资，建设地下工程可以减免一些税费；三是对原有的地下空间管理部门给予精简改制，给予出编人员一定的经济补偿并对其进行政策指导，指导其再就业等。

③ 地下工程建设行政管理法规。

对地下工程的建设管理应当考虑地下空间的特殊性，除了制定专项法规来规范外，还需要对相关城市管理法规进行补充。可以对《选址意见书》《建设用地规划许可证》《建设工程规划许可证》（“一书两证”）进行技术性修改，以满足同一块土地在空间上进行多重开发时的需求。

④ 地下空间使用管理法规。

考虑到地下空间的特殊性，人在地下空间时处于弱势，因此对地下空间尤其是地下公共空间的使用管理应当比地面公共空间更加严格，建立地下空间的使用管理法规非常必要。

2.1.6 地下空间开发利用的政策鼓励

(1) 现有地下空间开发利用政策

目前除开发利用人防工程有一定的优惠政策外，开发利用其他地下空间无相应优惠政策。人防工程的优惠政策归纳起来包括以下几个方面：

① 平时使用人防工程收取的人防工程使用费暂免征收营业税。

② 作营业用的地下人防设施暂不征收房产税。

③ 对人防部门按国家有关规定收取的人防工程使用费，暂免征收国营企业所得税；对私营企业使用人防工程取得的生产经营所得，应按国家规定的税率征收所得税。纳税确有困难的企业，经税务机关批准后，可减征或免征。

④ 地下空间按应缴地价款减免 70%后收取。

没有制定地下空间开发利用的优惠政策，是城市建设与管理政策体系的缺失，投资者和有关部门多年来一直在呼吁，说明政策制定滞后。

(2) 地下空间利用政策探讨

开发利用地下空间有利于节约城市土地、改善城市交通、增加绿地面积、拓展城市活动空间，从而改善城市结构和提升城市功能。作为政府的调控措施，应该考虑从多方面制定和完善相应的引导、鼓励政策。

① 建立专项扶持资金，支持社会资金投资的地下基础设施项目和社会公益项目。通过鼓励开发地下空间，间接置换出地面空间，用于增加绿地和公共活动场所面积，这是政府投入专项资金予以扶持的根本出发点，而不仅仅单纯鼓励项目建设，保护投资者的利

益。为突出政策导向，扶持资金的使用应结合具体项目，可以是政府投资入股，也可以是贷款贴息，还可以是一次性奖励投入。

② 用沿线物业开发推动地铁建设。地铁建设是地下空间开发利用的主要内容，政府应做好沿线土地利用规划和城市设计，制定相关政策，鼓励民间资本的投入，通过土地级差和房地产开发收益回报地铁建设的投资。

③ 城市地下空间用于其他基础设施目的的，其投资应以公共财政投入为主。其发展模式可概括为有序开发利用＋政府投入，不宜片面地运用“土地捆绑”方式。该政府收取的地价款和土地收益通过土地一级开发和公开出让收上来，应该政府投入的地下基础设施项目由政府投入。

④ 经主管部门批准，与地上土地使用权分离而独立使用的地下空间，由使用者申请地下空间使用权登记，发给土地使用证。

⑤ 为地下停车设施划定“禁停区”，也就是在地下停车设施服务半径内，没有特殊需要的一般不允许设立地面停车场地或路旁停车位。其合理性是通过保证地下停车设施的使用率，置换出更多的地面空间规划成绿地、道路和公共活动场所。

⑥ 制定地下空间开发利用的鼓励和限制项目政策。目前，已开发利用的地下空间用于建设车库、仓储、居住、旅馆、商（市）场、生产车间、文化娱乐、网吧、洗浴等，不仅使用布局比较混乱，而且缺乏严格的使用标准，产生很多安全隐患和社会问题，因此必须通过制定鼓励使用和限制使用的标准和法规，引导和规范地下空间的使用。

⑦ 对具有公益性质的地下经营设施，如车库、污水处理设施等，明确其城市基础设施性质，按同一标准减免各项税费。

⑧ 明确地下建筑物、构筑物及其附属设施交纳地价款的标准，并以法规或规章的形式确定下来，改变目前“临时性做法”状况。

2.2 城市地下空间资源开发类型

2.2.1 住宅

住宅可能是人类使用地下空间最古老的形式，现代人类定居的最古老洞穴是以色列的卡泽洞穴，距今约 92 000 年。像现代人类建立的洞穴使用情况一样，洞穴为古代人类提供掩体以抵御气候和反对者入侵。

建设半地下掩体最早的记录是在一个靠近俄罗斯的叫科斯腾基的地方，那里保留下来的部分地下掩体是一个巨大的建筑构架，这个地下掩体估计距今约 23 000 年，在东欧一些国家的平原上也发现了许多类似的掩体。

1953 年在靠近西安市的某个地方发现了距今约 6 000 年的半坡遗址，它记录了一个半地下坑室的村落情况。其上部结构是正方形或圆形，而且用树枝和草皮覆盖，埋在土里的木柱作为支撑。

从历史记录来看，我国古人已拥有从地面延伸到地下的洞穴施工技术，包括中原地区，已经有人在黄土中挖掘形成的地下窑洞，直径为 2～3 m（图 2-1）。

图 2-1 中国农村地下黄土窑洞

世界上许多国家和地区都有地下考古定居点。这些地方的古人利用地下空间主要是因为受气候影响,利用传统建材、合适的地质条件和建筑地形以阻止入侵。图 2-2 为突尼斯马特·马塔的地下住宅。

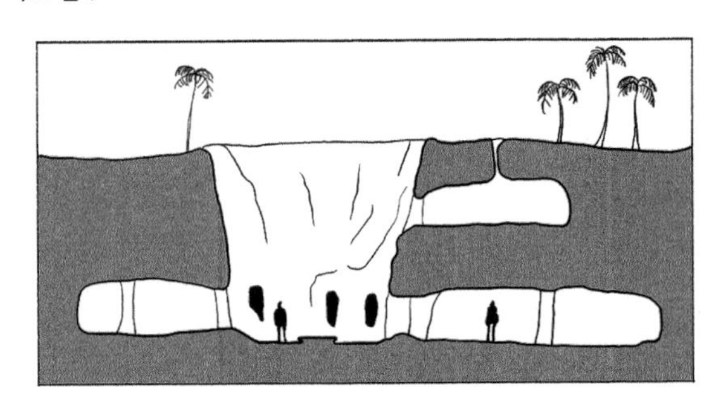

图 2-2 突尼斯马特·马塔的地下住宅

在土耳其卡帕多西亚小镇,庞大的地下定居点包括岩石住处和教堂,在 10 世纪和 11 世纪达到巅峰。

西班牙南部安大路西亚地区现今还存在地下定居点。在该地区,1985 年的勘察记录证实有 8 639 个定居洞室。早期的伊比利亚人定居洞穴可追溯到 25 000 年前。这些洞室大多数是在软岩中挖掘形成,许多洞室具有自然通风塔和靠近地表的结构。在西班牙,概略估计,大约有 80 000 人生活在半地下或地下的洞室中。

在法国也有许多洞室定居地点(图 2-3)。一些重要的地点已经穿越史前时代,最初是悬于岩石中的自然洞室，后来是在悬崖边建造房屋洞室。在中世纪，许多靠近山林的地下窑洞主要用作防御掩体。20 世纪初，估计仍有近 20 000 名法国市民生活在洞室中。在之后的 20 年内，法国政府将这些洞室用作假期别墅，同时也作为历史文化遗产，使洞室居住有了一个更新的利益前景。

图 2-3　在法国卢瓦尔河流域山坡上掘进的房屋洞室前部

具有古代传统地下住宅的其他国家包括意大利、希腊、约旦、以色列和埃及等。最近作为住宅使用的地下空间的开发已经在世界上许多国家开展，最典型的是美国和澳大利亚。在澳大利亚，几个采矿小镇已经在地下安置了住宅和社区建筑，以此躲避严酷的环境。当地美国人采用半地下结构作为住宅(图 2-4)。

图 2-4　美国新罕布什尔州莱姆的温斯顿房屋

大约 15 000 到 20 000 年前，洞室已经成为更纯粹的定居所，同时它们也变成一个个油画艺术、雕刻和造型的艺术画廊。

地下埋葬在世界许多地方都很普遍，与此同时也留下了重要的文明记录。

佛教兴起后，佛教徒挖掘了许多岩体洞穴，并在洞室内建立佛教寺庙和雕刻了佛教图像(图 2-5 至图 2-7)。

现代地下教堂也有很多，比如 1967 年建于澳大利亚中部的库伯佩蒂教堂，建立这所教堂主要是为了逃避酷热。再比如芬兰赫尔辛基的坦佩利奥基奥教堂，于 1968—1969 年间建于地下，主要是美学原因和为了保护靠近市中心的坦佩利奥基奥广场空间。

图 2-5　在岩石上建造的印度阿楼拉佛教寺庙

图 2-6　在岩石上建造的洛阳龙门石窟

图 2-7　在岩石上建造的大同云冈石窟

2.2.2　生活娱乐设施

(1) 自然洞室探险和旅游

在美国,大洞室开挖一般始于 18 世纪 90 年代,如在肯塔基州发现了巨大的洞室。这些洞室被开发成一些采矿培训部和为公众旅游服务的特别洞窟。

我国南方地下河洞穴也十分多见，汇水面积大的一般超过 1 000 km^2。在总数超过 3 000 条的地下河洞穴中，长度大于 30 km 且汇水面积超过 300 km^2 的有 26 条，其中 24 条分布在珠江流域(图 2-8)。

(2) 运动设施和社区中心

修建于地下的现代娱乐设施主要包括运动设施和社区中心。正在使用中的这些设施包括游泳池、体操房、跑道、冰球场等(图 2-9)。

图 2-8 我国南方地下河洞穴

图 2-9 挪威乔维克的地下游泳池

地下商业和慈善机构与城市公交系统使用较好的例子之一是巴黎列·阿莱遗址的二次开发。在地面，该综合体覆盖了 100 000 m^2，并扩展到地下四层，这样就保留了地表绝大部分作为公园，公园的四周是美丽的历史建筑物。它因组织系统性和功能多样性而著名，该综合体包括一个较大的地铁车站、车道、汽车停车设施、一个购物拱廊和内设游泳池的公共娱乐休闲设施。它是一个极好的模型，通过地下空间的使用美化了人文环境(图 2-10)。

2.2.3 地下商业及交通设施

地下商业及交通设施主要包括地下商业街、地下人行道、地铁和地下停车场等。承担商业与交通的功能是人们早期开发地下空间的主要目的之一。特别是随着城市的发展，这方面地下空间的开发显得更加突出。

在日本大阪，城市地下购物中心有一个较长的发展历史。图 2-11 是大阪梅田车站地区地下街群平面布置图。1957 年建成了难波地下街，1963 年和 1970 年分两期建成了梅田地下街，1969 年建成了阪急三番街地下街。这些地下街分别与 3 个车站和 24 个大型建筑物地下室相连，还与两个地铁车站相通。整个地区共有地面出入口 72 个，地下连通口 21 个。建立梅田地下街群的当初目的主要是为了缓解地面步行交通压力，但随其发展，它们使大阪拥挤的街道迅速成为利润丰厚的商业投资的地方。

经过多年的膨胀发展后，如今，日本地下街等覆盖的面积已超过 127 000 m^2，其中包括超过 1 000 家的商店和餐馆。现在从北海道北部的札幌岛到南方的福冈一带有 20 多个城市已经沿着铁路沿线修建了地下购物商场。因此，在较大的日本城市，巨大的土地使用压力和高额的土地价格又激起了人们对更多的地下商业和基础设施服务使用的兴趣。

图 2-10　法国巴黎列·阿莱遗址广场

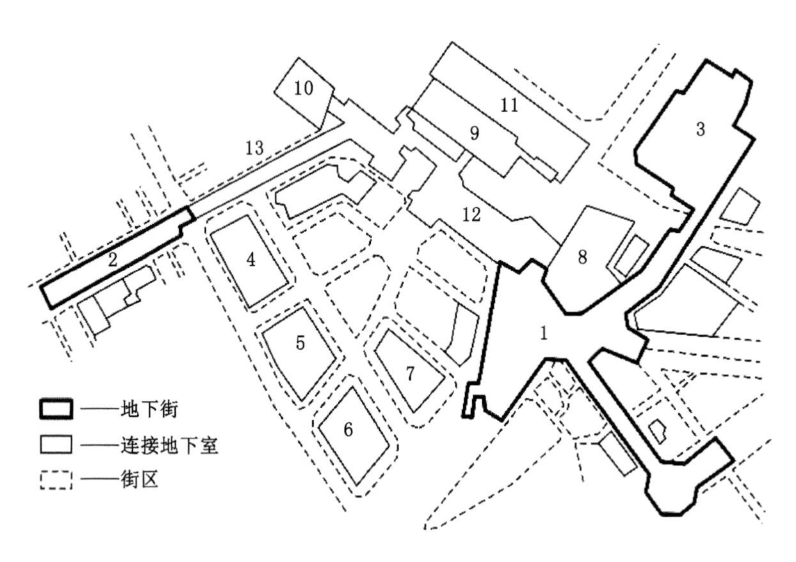

1—梅田地下街;2—难波地下街;3—阪急三番街地下街;4—大阪站前第一大厦;5—大阪站前第二大厦;
6—大阪站前第三大厦;7—大阪站前第四大厦;8—阪急百货店;9—大丸百货店;10—新阪神大厦;
11—国铁大阪站;12—阪急梅田站;13—地铁梅田站。

图 2-11　大阪梅田车站地区地下街群平面布置图

随着城市的发展,人们进行大规模的区域开发,相应地也需要有能保证行人安全的通道,但是在密集的市中心,由于土地紧张,采用拓宽人行道来确保行人安全的办法难以实现,而且行人通过交叉路口时也比较危险,因此地下人行通道的建设可以很好地解决这个问题。

图 2-12 是日本京都繁华地段四条大街地下的某联络通道。该联络通道使近 2 km 长的街道两侧主要的大型商店在地下相互贯通,并与京都至大阪之间的阪急线京都四条站

相连，极大缓解了地面的交通压力。

图 2-12　日本京都四条大街地下人行通道

地铁最早于 1863 年出现在英国(1905 年实现了电气化)，此后随着产业革命的进行，世界上其他城市陆续开始建设和使用地铁。

日本第一条地铁线路是 1927 年建成并通车的浅草至上野的地铁。截至 2018 年日本的地铁线总长度已达到 866.8 km。全东京有 66 条线路，分别由三家公司(JR、都营、私营)运营管理(图 2-13)。

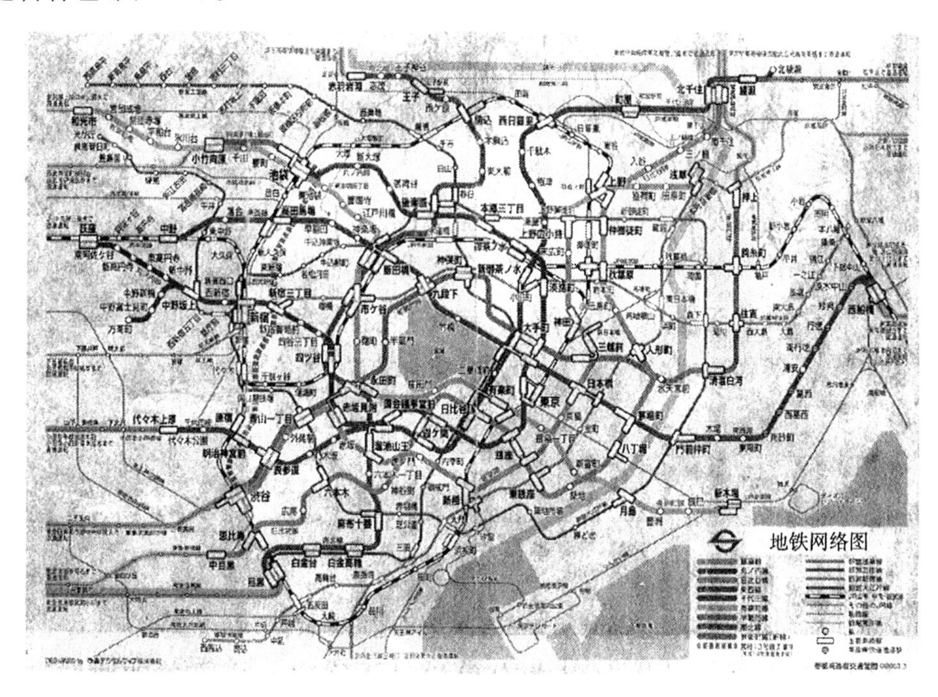

图 2-13　日本东京地铁网络图

2.2.4　文化教育设施

地下图书馆最著名的例子有：美国哈佛大学的内森·梅尔什·普西图书馆(图 2-14)、英国牛津大学的拉德克利夫科学图书馆和日本国立图会图书馆。

图 2-14 美国哈佛大学的内森·梅尔什·普西图书馆

教育建筑物是地下建筑的一个重要分类,一般是浅埋明挖式建筑物,以满足提供火灾安全出口的要求(图 2-15)。美国明尼苏达大学土木系矿业大楼就是针对校园缺乏空旷空间和明尼苏达州恶劣的天气修建的(图 2-16)。

图 2-15 美国科罗拉多州的阿斯彭小学

芬兰国家技术研究中心由几个大的岩体洞室组成,实验室正常运作时有 50 名工作人员,但紧急避难时可容纳 6 000 人。

2.2.5 军事设施

第二次世界大战期间,许多工业设施被迁移到地下以逃避空中侦探和被轰炸。英国

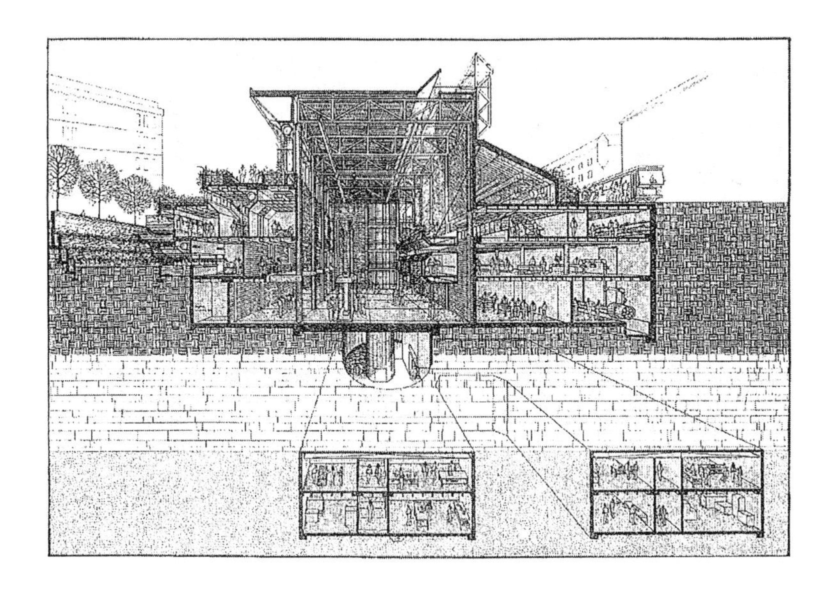

图 2-16 美国明尼苏达大学土木工程系矿业大楼断面图

伦敦地下某些区域甚至被转换成具有最高机密的工厂。日本同样修建了超过 28 000 m^2 的地下工厂以生产机器零件。

除了具有保护功能，地下空间某些潜在的特殊属性还可用于其他方面的发展，这些属性包括：稳定的热环境、与地表相比所具有的典型的低振动、通风及低渗透的有效控制（更容易创造清洁环境）、岩石洞穴抵抗地面荷载的能力以及重要工业使用的高安全性。高科技工业的增长需要更特殊的工业环境，可使二者的属性合并达到最优（图 2-17）。

图 2-17 美国密苏里州堪萨斯城地下工厂

地下设施可提供安全防卫，避免遭到轰炸。核时代对防御保护和初次袭击后提供有效反击能力有了新的要求。防爆炸和原子辐射掩体已经逐步发展起来。

军事使用方面，美国较大的军事指挥中心都建造在地下深处，例如科罗拉多州北美防空联合司令部(NORAD)战略空军指挥部(图 2-18)。民防使用包括地下电信中心(斯德哥尔摩)、地下国家档案馆(挪威)、地下石油储库(瑞典等)以及公众掩体设施。民防掩体与民防建筑在使用上最基本的不同之处是民防掩体与地区的规划关系，它们不仅作为掩体设施，还被规划作为满足公众需求的设施。

图 2-18　美国科罗拉多州北美防空联合司令部(NORAD)战略空军指挥部入口

其他地下军事设施包括导弹筒仓、地下潜水艇基地、弹药储库以及一些特殊设施(图 2-19)。

图 2-19　建在岩石中的潜艇洞室

地下军事用途还包括较大型武器的试验，例如核武器试验。

2.2.6　储藏设施

(1) 大量食物存储

地下食物储藏非常典型，主要因为：① 环境很适合食物保护；② 啮齿动物和昆虫易被赶走；③ 不易被入侵者偷窃或抢劫，食物供应更安全。

地下存储的缺点：最初费用、地下水渗透预防以及地下水渗透造成粮食的损耗。尽管存在这些缺陷，世界上许多地区仍在使用地下食物存储。例如我国洛阳的地下粮食筒仓，建于隋唐时期(图 2-20)，总共发现了 287 个储室，深 7～11.8 m，直径 8～18 m。被发现时许多洞室中还留有粮食，时隔 1 300 多年，虽然这些谷物接近 50%已经炭化，但是仍能将谷物的外壳剥掉。

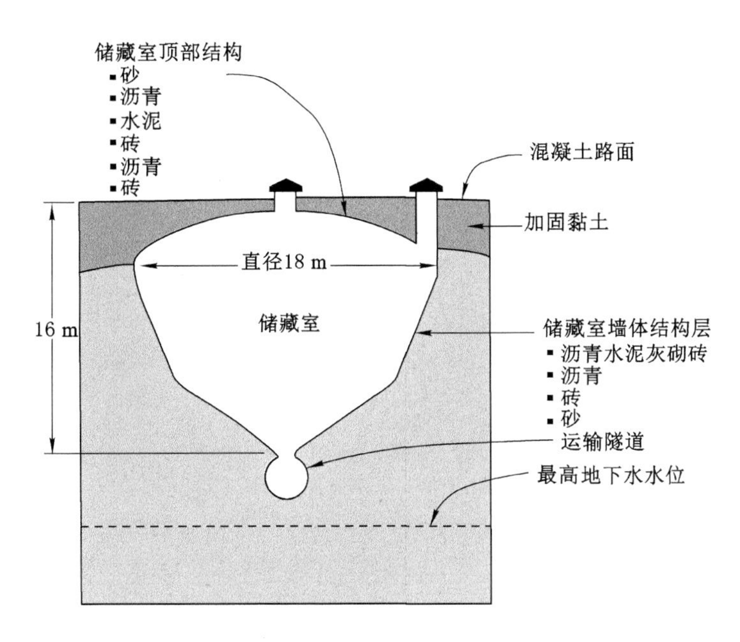

图 2-20 我国洛阳的地下粮食筒仓

(2) 石油和天然气存储

石油和天然气是现代工业燃料重要的组成部分。为了使石油和天然气供应稳定，世界各国修建了大批的石油及天然气存储设施。许多特大型的储库修建于地下，主要原因是费用低(对于大型设施)、高安全性和对环境影响小。

最初的地下存储方案是在地下洞穴中存放油箱。之后，人们用位于水位线以下的岩体洞室存储石油，这种方法费用更低。石油浮在水床上，同时被洞室四周的水封堵。之后人们又发明了可再次使用的系统，允许在自然地下水位以上储存，通过控制水注入以创造人工围堵环境。

美国国家战略石油储备设施是采用特定开采方法形成的岩溶洞穴。石油也能被存储在荒弃的矿井中。天然气或石油气体一般以常温高压或常压液态的形式存储。地表储罐既不美观，又存在潜在危险，同时地表液态(化)存储的制冷费用也非常昂贵(图 2-21，图 2-22)，地下密封储存可以有效节省费用。

图 2-21　日本久慈工厂地下天然储油设施

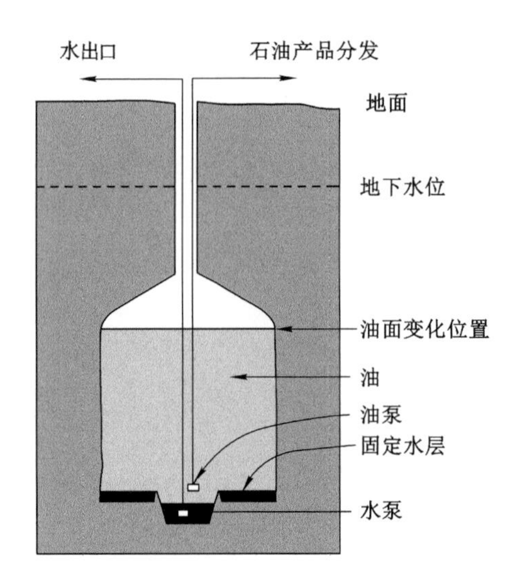

图 2-22　岩石储油洞室剖面图

2.3　城市地下空间资源开发的主要模式

城市地下空间资源的开发利用与所在国家的政治、文化、经济、科技、地理、地貌、气候环境等因素以及国际社会的稳定与发展等大背景都有重大的关系。近 150 年来，众多发达国家大城市的地下空间开发利用已经具有各自特色。

2.3.1　欧洲地下空间资源开发的主要模式

(1) 法国

① 模式一——巴黎列·阿莱广场再开发。

巴黎人在积累了几个世纪利用废旧矿穴地下空间经验的基础上于 20 世纪 60 年代开始城市中心区的大改造。列·阿莱广场的再开发最具代表性，其中大型下沉式广场、多种功能的集合与综合、地下空间的科学整合、周边历史建筑的保护、大面积开敞式公共绿地、地上与地下的协调发展等鲜明特点为全世界提供了规划建设大型城市地下空间综合体最成功的范例。

② 模式二——巴黎卢浮宫扩建。

由美籍华人贝聿铭设计的巴黎卢浮宫扩建工程始于 1984 年，该项工程旨在充分开发利用拿破仑广场下的地下空间资源，容纳卢浮宫扩建的全部新增功能，既要满足现代博物馆的使用要求，又要保留原有古典建筑的整体格局与风貌，1989 年建成使用后得到世人赞誉，被誉为现代建筑史上的一项杰作，是历史遗产保护与再开发的成功案例。

③ 模式三——巴黎拉·德方斯新城。

根据 1976 年修订后的巴黎大都市圈规划，位于市中心西北 4.0 km 处的拉·德方斯被确定为巴黎新城。新城规划总面积 760 km^2，建设的最大特点是按照“双层立体化城市设计”理论，将全部交通设施、市政管线设施和区域配套设施置于地表以下的地下空间内，地面上完全绿化、步行化和景观化。新城地下空间实行统一规划，整体开发，动静态交通连通成网，市政管线管廊化，人与车完全立体分离，城市功能在竖向空间内科学配置，尽可能把阳光和绿地留给人们，充分体现了“以人为本”的原则，被世人誉为20世纪人类规划建设立体化、现代化城市的最理想模式之一。

(2) 英国

① 模式一——伦敦地铁。

伦敦是城市地铁的先行者——1863年创建了世界上第一条地铁，这一新型的城市交通系统自1867年被美国纽约仿效，至今世界上56个国家的200余座城市先后建立地铁。通过不断提高技术水平，伦敦地铁已成为当今世界上技术最先进、系统最完善的五大地铁系统之一(日本、德国、英国、法国和俄罗斯)。伦敦地铁的运行时间为每天20 h，运送旅客占全市出行人数的70%以上，运行速度高出地面1倍，指示、诱导标识系统十分完善，不同年代建造的地铁车站风格会使你感慨英国150余年地铁建筑史的伟大成就。

② 模式二——地下邮政轨道运输系统。

早在1927年伦敦街道下20 m深度处就建成了一条专门运送邮件的轨道系统，该系统总长度约10.5 km，每天处理400多万件的信函和包裹，如今又计划利用该系统向牛津街上的大商店配送货物。这一新型的物流方式又被世人仿效，将成为21世纪世界上众多大城市研究和发展地下物流系统的先行样板。

(3) 俄罗斯

俄罗斯是世界上城市地下空间资源开发利用的先进国家之一，尤其是莫斯科地铁系统，其车站建筑与装饰的艺术风格，被世人誉为地下艺术长廊。莫斯科地铁列车运行间隔短、速度快、客运量高、换乘方便，整个地铁系统分为上、中、下三个层次，兼顾防空和防灾功能，并在城市浅、中、深层地下空间的开发利用方面积累了相当丰富的经验，值得借鉴。

(4) 瑞典

瑞典地处北欧，良好的岩石地层为其地下空间的开发利用创造了极好的条件。斯德哥尔摩是瑞典的首都，其大型的地下排水和污水处理设施、地下管道运送垃圾系统、地下大型供热隧道、存储工业余热、太阳能的大型地下储热库等设施均处于世界领先地位。

(5) 芬兰

赫尔辛基平战结合的地下公共建筑，尤其是地下文化体育娱乐设施，构成了赫尔辛基城市地下空间的鲜明特色。地下游泳馆、网球馆、综合体育馆、舞蹈厅、柔道厅、艺术体操厅、射击馆、艺术中心、音乐厅、画廊等应有尽有。这些地下设施大多数建在城市中心及公共建筑的地下，具有防空和防灾功能，既方便市民平时使用，又能在备战时使市民能够就地快速掩蔽，堪称平战结合的典范。

2.3.2 北美地下空间资源开发的主要模式

(1) 美国

美国虽然国土辽阔，但是城市高度集中。因此，大城市地下空间的开发利用被视为解决城市问题的最有效途径之一，形成的很多模式值得借鉴。

① 模式一——纽约曼哈顿洛克菲勒中心的地下步行系统。

该系统在10个街区范围内，将主要的大型公共建筑通过地下通道连接起来，并设置一定数量的下沉式(或敞开式)出入口广场，四通八达，不受气候影响，很好地解决了人与车的立体分离。同时，该系统将地铁车站与大型公共活动中心连接，方便乘客换乘与集散，形成一大特色。该模式在休斯敦、达拉斯等城市得到应用和推广。

② 模式二——地下图书馆。

由于冬季寒冷，为了寻求建筑节能的新途径，自20世纪70年代全世界用电危机以来，美国哈佛大学、加州大学、密执安大学和伊利诺伊大学兴建了大量地下或半地下图书馆，既较好地解决了与原馆的联系以保持校园原貌，又在太阳能和地热的利用方面开创了新思路。这些能源曾在美国开创的生态地下住宅中得到应用和推广。

③ 模式三——波士顿市中心高架道路的地下化。

波士顿中央大道建于1959年，为高架6车道，直接穿越城市中心，每天交通拥堵时间超过10 h，交通事故发生率是其他城市的4倍，成为美国最拥挤的城市交通线。高架道路对周围地段的割断，加之严重的交通堵塞和高发交通事故率，沿线的不少商业机构搬迁出去，因此造成了巨大的利税损失。20世纪90年代中期开始，波士顿市政府将高架道路拆除，原有交通系统全部转入地下，即在原有的中央大道下面修建一条8～10车道的地下快速路，将地面改造成绿地和可适当开发的城市用地，这样不仅提高了车速、解决了拥堵、减少了空气污染，还美化了城市地面景观，促进该区域的可持续发展。该项目的成功实施为城市高架道路的发展方向提出了新的思考。

(2) 加拿大

随着二十世纪六七十年代经济的高速增长，多伦多和蒙特利尔相继建成地铁系统。政府通过政策引导，充分利用民间资本的积极因素，在城市中心的地面建筑物之间有序规划和建设地下步行系统，并与地铁车站连接，其庞大的规模、便捷的交通、丰富多样的服务设施、清晰的标志、优美舒适的环境和安全可靠的防灾设施形成一大特色，在世界上享有盛名。

2.3.3 亚洲地下空间资源开发的主要模式

(1) 日本

日本是一个岛国，国土面积狭小，人口众多，第二次世界大战后经济迅速发展，人口和城市的大量集聚，促使城市更新、改造和再开发。20世纪60年代开始的城市地铁、地下街、共同沟以及90年代掀起的大深度地下空间开发利用等形成了特色鲜明的日本模式。

① 特色一——东京深层地铁。

大江户线是东京地铁的第一条环状线，总长43 km，是一条深层地铁线。这条地铁线规划在日本泡沫经济鼎盛时期，建设在泡沫经济破灭时期。由于其特殊的社会、经济、科技和文化背景，使得这条地铁线的建设积累了不少值得思考和借鉴的经验。

向全国的优秀建筑师征集地铁车站的建筑设计方案，并将所征集到的方案向市民公示，广泛吸取民众的建议，形成全民参与地铁建设的热潮。

每个地铁车站专门设置精致的公共艺术广场，以车站地区传统特色文化背景为艺术创作的主题，与车站建筑的装饰装修完美结合，从而增添地铁建筑的文化与艺术氛围。

充分应用高科技，采用线型电机牵引，降低运营车辆高度，减小隧道断面尺寸，降低工程建设造价，同时广泛吸收民间捐赠和赞助，使实际项目投资比原预算费用节省20%以上。

充分开发利用城市深层地下空间资源，建设深层地铁换乘车站，从而全面提高中心城市地铁网络的整体运营效率，同时为城市防灾、疏散与掩蔽提供了巨大的、安全的、可靠的防御空间。

② 特色二——地下街。

日本的地下街起源于1932年的东京神田须田町地铁商店，经历了地铁商店-地下商店街-地下街三大发展阶段后，现已成为汇集地下人行公共步道与休闲广场、地下商店、地下道路与车库、共同沟以及地铁联络通道与集散大厅等功能设施的大型城市地下综合体。

地下街一般建在公共道路与广场的地下，通过地下一层中的公共步行系统或地下二层中的车道系统与周边建筑地下室相连，行人或车辆通过地下街系统可直接进入，四通八达，方便快捷，真正实现了该地区的人车立体分离以及地上与地下空间的协调发展。结合防灾需要在地下一层中的公共步行道每隔100 m左右设置一个小型广场。这种广场空间的艺术性设计，将太阳光引入，流动的水体，艺术性盆栽植物，加上轻便舒适的休闲设施，形成独特、靓丽的风景，从而减轻或消除人们在地下空间中的消极心理。此种模式已被世人所接受，为世人所赞誉，形成日本特色。

③ 特色三——共同沟。

20世纪30年代初，日本从欧洲学习了共同沟建设新技术，在东京先后进行了三处共同沟试验性建设，积累了经验。日本的共同沟建设由于第二次世界大战中断了30余年。20世纪60年代，日本经济复苏，城市更新改造加速，开挖城市道路已严重影响城市交通、环境、景观、道路结构的使用寿命以及既有城市生命线系统的安全可靠性，因此1963年颁布实施了世界上第一部共同沟法——《关于建设共同沟特别措施法》。法规的颁布实施，相关技术标准与规范的制定，管理机构的建立、建设与运营，以及维护与管理资金等方面的全面落实，使日本共同沟的建设，无论是在旧城改造与再开发中，还是在新区新城建设中，都得到了有序推进和实施。如筑波科学城、横滨21世纪新港、成田和羽田机场、东京临海副都心等地的新建共同沟，以及东京、大阪等大城市国道下的城市主干共同沟网络系统建设等，都已成为城市现代化的主要内容之一。垃圾的地下化输送、架空线的整治入地、高压输配电的地下集约化、区域集中供冷供热以及深层大断面综合物流系统规划建设，极具特色。伴随着先进的地下空间施工新技术的发展，其整体水平居世界领先地位。

④ 特色四——大深度地下空间资源的公益性开发利用。

日本政府颁布实施的《大深度地下空间公共使用特别措施法》为人类社会提供了一部限定土地拥有者的空间权限和规范有序引导人类开发利用私有土地地下深层空间服务于国家和城市社会公益事业建设新途径的新法典，在人类开发利用地下空间资源的进程中具有里程碑意义。该新法典对世界其他国家具有参考价值，为真正创建立体城市和集约高效地开发利用土地空间资源提供了法律保障。

(2) 韩国

自20世纪60年代进入高速发展期后,首尔城市建设加速,地铁和高架道路也得到了快速发展。首尔市中心的清溪川曾是首尔中心城区的主要景观河道。20世纪50年代之前,河道两侧建有传统商业和居住建筑,极富传统特色,且非常繁华。50年代末,为了改造旧城区以解决城市中心区的交通拥挤问题,市政府决定填埋河道,拆除两侧建筑,建设高架快速道路和高楼大厦。21世纪初,市政府在广泛听取民众和专家建议的基础上,下决心把已建设的高架快速道路拆除,把道路交通系统转入地下,并在地面恢复清溪河河道景观。

2.3.4 我国地下空间资源开发的主要模式

我国地下空间资源开发的主要模式有:

(1) 结合地铁建设修建集商业、娱乐、地铁换乘等多功能的地下综合体,与地面广场、汽车站、过街地道等有机结合,形成多功能、综合性的换乘枢纽,如广州黄沙地区站地下综合体。

(2) 地下过街通道——商场型,在市区交通拥挤的道路交叉口,以修建过街地道为主,兼具商业和文娱设施的地下人行道系统,既缓解了地面交通的混乱状态,实现人车分流,又可获得可观的经济效益,是一种值得推广的模式,如吉林市中心的地下商场。

(3) 站前广场的独立地下商场和车库——商场型。在火车站等具有良好的经济地理条件的地方建设方便旅客和市民购物的地下商场,如沈阳站前广场地下综合体和大连火车站站前广场等。

(4) 在城市中心区繁华地带,结合广场、绿化、道路,修建综合性商业设施,集商业、文化娱乐、停车及公共设施于一体,并逐步创造条件,向建设地下城发展,如上海人民广场地下商场、地下车库和香港街联合体,北京西单购物广场。

(5) 在历史名城和城市的历史名胜古迹地段和风景区,常利用地下空间以保护地面传统风貌和自然景观使之不受破坏,如西安钟鼓楼地下广场。

(6) 高层建筑的地下室。一般高层建筑多采用箱形基础,埋深较大,土层的包围使建筑物整体稳固性加强,箱形基础的内部空间为建造高层建筑中的多层地下室提供了条件。将车库、设备用房和仓库等设置在高层建筑的地下室中是常规做法。

(7) 已建地下建筑、人防工程的改建是我国近年来利用地下空间的一个主要方面,改建后的地下建筑常被用作娱乐、商店、自行车库、仓库等。

2.4 城市地下空间资源开发趋势

2.4.1 地下空间是解决城市问题的重要途径

城市人口、地域规模、城市的生存环境和城市可持续发展战略是当今世界的热门话题。

交通拥塞、行车速度缓慢已成为我国许多城市普遍存在且非常突出的问题。且随着汽车的普及,城市的无序扩张,北京市出现了严重的交通拥堵、环境污染、住房困难等典型的大城市病。根据高德地图发布的《2015 年度中国主要城市交通分析报告》显示，北京市平均车速 22.61 km/h，高峰拥堵延时指数为 2.06，即北京驾车出行的上班族通常要花费交通畅通情况下 2 倍的时间才能到达目的地，拥堵时间成本全国最高。再如据北京市环保局统计，北京 2015 年全年 49%的日子里空气有污染，其中重度污染 31 天，严重污染 15 天。这些问题都严重制约了北京市的可持续发展和生态文明建设。发达国家解决城市“交通难”的经验表明，发展以地下铁道为主的高效益、低能耗、轻污染的轨道交通才是根本出路。

完善的基础设施是改善城市环境的必要条件。我国一些大城市城区普遍存在污水排放和污水处理设施陈旧，固体垃圾郊区堆放，供电、通信、供水、供热公用基础设施发展速度落后于城市的扩展速度和城市人口的增加速度，必然会造成城市环境相应恶化。同时大多数城市在遭受连续降雨后出现城区多处积水，市民出行困难，出现严重的城市内涝现象，有的城市开启“看海”模式。2017 年全国大气环境质量状况调查表明，仍有 70%的城市环境空气质量不达标，整体形势依然不容乐观。按照现行的空气质量标准，即 PM2.5 年均浓度不超过 35 $\mu g/m^3$，PM10 不超过 70 $\mu g/m^3$，以及二氧化硫、二氧化氮等其他六项污染物的综合指标。2017 年，全国 338 个地级市及以上城市中，空气质量达标城市有 99 个，不达标城市有 239 个，不达标城市占 70.7%。全国 338 个城市在 2017 年的 PM2.5 年均浓度平均为 43 $\mu g/m^3$，PM10 年均浓度平均为 75 $\mu g/m^3$，整体仍然处于超标状态。

先进国家城市建设的经验之一是将市政公用设施管道汇集，建立便于维修管理的多功能公用隧道——城市共同沟。修建地下垃圾收集管道系统和地下垃圾焚烧厂，以减量化、无害化、资源化方式处理垃圾，是城市垃圾处理的根本出路和长远目标，但其投资大、周期长，对发展中国家而言难以承受。因此，在市郊结合部利用荒地、滩涂修建符合卫生标准的大型地下堆场的解决方案被提了出来。

对于人口和经济高度集中的城市，不论是战争还是自然灾害，都会带来人员伤亡、道路和建筑破坏、城市功能瘫痪等重大灾难。众所周知，地下工程具有良好的抗震、防空袭和防化学武器等功能，是人们抵御自然灾害和战争的重要场所。在城市建设过程中，兼顾城市防灾修建大量平战两用的地下工程，使城市总体抗灾抗毁伤能力有所提高，也是实现城市可持续发展的重要内容。

当今发达国家的城市已将地下空间开发利用作为解决城市人口、环境、资源三大危机和医治“城市综合征”以实现可持续发展的重要途径。1983 年联合国经济及社会理事会通过了利用地下空间的决议，决定把地下空间利用列入该组织下属的自然资源委员会的工作计划之中。1991 年在东京召开的“城市地下的空间利用”国际学术会议上通过了《东京宣言》，提出了这样一个观点：21 世纪是人类地下空间开发利用的世纪。国际隧道协会提出了“为了更好地利用地下空间”的口号，该协会正在为联合国准备题为“开发地下空间，实现城市的可持续发展”的文件，其 1996 年第 22 届年会的主题是“隧道工程和地下空间开发在可持续发展中的地位”。

2.4.2 地下空间开发向立体化方向发展

城市向三维空间发展，实行立体化再开发，是城市中心区解决拥挤状况唯一现实且可行的途径。城市初始发展沿两维延伸，只有当生产力和科学技术的发展使得人类有能力向高空和地下发展时，城市才走上沿三维立体化方向综合发展的轨道。发达国家大城市中心区都曾经先出现向上部畸形发展而后出现“逆城市化”现象的教训。由于城市中心区经济效益高，尤其是以房地产业集中于城市中心区的投资，造成城市中心区高层、超高层建筑林立，人流、车流高度集中。为了解决交通问题，又新建高架道路。高层建筑和高架道路的过度发展，使城市中心区环境恶化，城市中心区逐渐失去了吸引力，出现了居民迁出、商业衰退的“逆城市化”现象。城市发展的历史表明，以高层建筑和高架道路为标志的城市向上发展模式不是最合理的城市空间利用模式。人类对于城市空间资源的开发利用大致经历了以下几个阶段：平面扩展、高空以及浅层地下空间、深层地下空间。在实践中形成了地面空间、上部空间和地下空间协调发展的城市空间构成的新概念，即城市立体化再开发。

日本地下空间按开发深度分为 3 个等级：浅深度（0～－10 m）、中深度（－10 m～－30 m）、较大深度（－30 m～－50 m）、大深度（－50～－100 m）。从 1972 年到 1992 年，经过 20 年的构思阶段，其间 1982 年尾岛俊雄提出的“新干线共同沟”设想起了重要的引导作用，一时间从政府各有关部门到知名大型建筑企业都提出许多设想和方案，1994 年开始进入一期工程的规划阶段。经过 1995 年的阪神 · 淡路地区大地震，防灾问题引起人们高度重视，在后来的规划中都按平时和大范围受灾两种情况进行容量和设备的考虑。

日本 1988 年正式决定开展大深度地下空间利用的相关研究工作和制定限制地下空间私人所有权的法案，该项法案于 2001 年在国会获得通过，把私人产权限制在－30～－40 m 以上，这样就使大深度地下空间的利用彻底摆脱了土地费用的困扰和共同沟必须沿道路走向铺设的束缚。

日本目前考虑在大深度地下空间实现城市基础设施大型化、综合化、地下化的同时，还与整个城市的未来发展联系起来，在研究大深度地下空间利用过程中提出了多种关于如何在未来大城市中开发利用地下空间的构想，包括建设大深度地下城市等建议。例如，清水建设株式会社提出的方案是：在东京以皇宫为中心的直径 40 km 范围内，以方格网的形式组成一座地下城市，深 50～60 m。在网格的每个结点位置建造一个扁球形建筑物，间隔 10 km，直径为 100 m、地下 8 层，包括车站、办公室、购物中心、停车场和能源供给等设施，建筑面积为 4 万 m^2；在 10 km 之间，每隔 2 km 布置一个小型扁球形建筑物，直径 30 m，分 3 层，其中布置会议厅、图书馆、小型体育馆、小游泳池和儿童活动中心等。大小扁球形建筑物的顶部均有开向地面的天窗，下面的共享大厅中有阳光和植物，房间则围绕大厅布置。网络的直线部分为综合廊道，布置交通线路和公用设施管线。又如，大成建设公司提出一个在东京副都心新宿地区建设一座地下新城市的方案，内容为：建造 3 座圆筒形大型地下建筑物，直径 160 m，共 40 层，总高度 200 m，周边布置房间，中间是一个天井，地面部分为玻璃穹顶，共可容纳 10 万人居住和工作。在筒形建筑物之间有一个直径为 12～13 m 的球形建筑物，其中布置水、电、气等供给设施；在筒与球之间和筒与筒之间均有环形廊道相连。

城市地下空间资源十分巨大且丰富，如果得到合理开发，其节省土地资源的效果是十分明显的。一个城市可开发利用的地下空间资源量一般是城市的总面积乘以开发深度所得值的 40%。如果取合理开发深度为 100 m，以北京为例，其地下空间资源量为 1 193 亿

m^2,可提供 64 亿 m^2 的建筑面积,大大超过北京市现有建筑面积。大连市城市空间利用规划纲要中考虑近期开发浅层地下空间(深度 30 m),其面积为城市建设用地的 30%(道路与绿地建设用地)再乘以 0.4,则其城市地下空间经济资源开发量为 5.8 亿 m^2,可提供建筑面积 1.94 亿 m^2,超过现有大连市房屋建筑面积(5 921 万 m^2)。

地下空间开发应做好立体规划,分层开发。我国目前一般规定地下第一层深度为 3～5 m,布置公用事业管网的干线支线、共同沟。地下二层深度为 6～10 m,为地下步行商业街、地下停车场、地铁车站和地下文化娱乐厅等。地下三层深度为 10～30 m,配置地下铁道区间隧道、地下河(排水沟渠)、立型地下停车场、地下垃圾收集站和加工场。放射性和有毒的固体垃圾应存放在更深的地层中。

2.4.3 地下空间开发向商业综合体方向发展

随着城市经济和社会的发展,以及城市集约化程度的不断提高,传统单一功能的单体公共建筑已不能完全适应城市生活的日益丰富和变化,因而逐渐向多功能和综合化发展。

日本在开发地下商业综合体方面积累了丰富的经验。例如日本地下街的发展,由于发展初期其主要形态是在地铁车站中的步行道两侧开设一些商店,经过几十年的变迁,虽然从内容到形式都有了很大的变化(实际上已成为地下城市综合体),但至今仍沿用“地下街”这一名称。目前东京、横滨、大阪、名古屋等八大城市地下铁路营运总里程达 500 多公里。各大城市有地下街 82 条,面积 110 万 m^2(含在建工程 17.6 万 m^2)。地下机动车停车场 152 所,占停车场总数的 43%,可停车 30 万辆以上,占总停车数的 50%。地下自行车停车场 50 处,可停放车辆 3 万辆以上。49 个城市建有共同沟,总长 300 km。目前日本正在进行深层次、多功能的地下空间开发。日本学者尾岛俊雄在 20 世纪 80 年代提出了在城市地下空间建立封闭性城市再循环系统设施,使开放性的城市自然循环变为封闭的再循环,用工程手段将多种城市循环系统组织在一定深度的地下空间中。其提出建立一个深度城市基础设施复合干线的建议,干线为直径 10～15 m 的汇集管线、铁路道路的综合廊道,埋深在地下 50～100 m。主干线和相交结点组成若干三角形单元;覆盖东京 23 个区范围。结点间距为 2.5～3.5 km,每一个结点处是一个大型的地下构筑物,引入相当的城市功能,形成一个地下综合体。所有的物流管理系统,如运输、处理、回收等都在这个大循环体系中。

20 世纪 80 年代以来,我国城市地下空间资源开发实行平战结合,与城市建设相结合,以地下铁道工程为主题,陆续建成一批经济效益和社会效益显著的地下商场和地下综合体。例如上海市结合地铁 1 号线修建的人民广场和徐家汇地下商业街,既疏散了客流,又方便居民购物。

2.4.4 地下深度空间将建立水资源和能源储存系统

人类生活水平的提高在很大程度上取决于水资源和能源。在水资源普遍不足和常规能源渐趋枯竭的情况下,可利用深层地下空间的大容量,热稳定性和能承受高压、高温和低温的性能大量储存水和能源。

利用地下含水层广阔的空间建立“水银行”来调节供水。地表入侵和井灌的人工补给是一种可行的、费用较低的解决供水的方法。其主要优点如下：

(1) 储备地下水；

(2) 控制海水入侵和地面沉降；

(3) 提高地下水位，减少抽取地下水的费用；

(4) 维持河流的基本径流；

(5) 改善水质；

(6) 实现污水的循环再利用；

(7) 保护了生态环境。

美国已实施了“含水层储存恢复(ASR)工程计划”。ASR系统比地表水库提供用水的单位费用可节省50%～90%。欧洲供水联合会十二个成员国中的十个国家或开展了“含水层恢复的人工补给工程(AR)”，或正在规划。瑞典、荷兰和德国的AR工程供水量在其国家总供水量中所占的比例相当高，分别是20%、15%和10%。开展AR工程的国家和地区，普遍使用的补给方式是在河流两岸的盆地利用河水进行地表入渗补给，一部分AR工程的补给源是湖水、运河水、池塘水、地下水和泉水。目前根据保护生态环境的总方针，增大井灌补给、减少地表入渗补给，重新设计一些入渗系统，以减少地表补给工程对生态环境的影响。荷兰在沿海人口稠密的城市开展大规模的地下水补给工程，其目的是增大供水能力，利用由入渗系统提供的廉价和卫生可靠(经过过滤和消毒)的水资源。伦敦使用含水层的人工补给是缓解干旱缺水和满足伦敦市民用水的重要举措。约旦、科威特、摩洛哥和以色列在城市污水经处理后进行地下水补给。沙特阿拉伯对利用城市污水进行地下水补给进行可行性研究，以缓解其严重的地下水枯竭问题。阿曼在海岸平原和冲积干谷地区通过地下补给坝截获洪水，进行地下水人工补给。

日本在大深度干线共同沟系统中设置雨水储水槽，目的是容纳地表降水量超出常规雨水道排水能力外的雨水，使地表不积水，在地下集中后排走。这样的地下雨水储水槽在东京新宿区安排容量45.5万m^2，在丸之内区安排容量104.6万m^2。如果能进一步将只起调节作用的储水槽改为循环系统，把夏季储存的雨水供冬季少雨时使用，是不难做到的，对节约水资源起到重要作用。

我国人均水资源量不足2 300 m^2，仅位列世界第110名，属于13个严重贫水国之一，解决缺水问题不能光靠修坝建水库。如在河流上游大量兴建蓄水工程，层层拦截并利用地表水，使河流下游及平原地区地表径流减少。北方许多地区的河道只在丰水年的汛期起泄洪作用，其他时间处于干涸状态，变成了污水沟。对地下水的利用不能只采不补，我国各主要城市地下水超采和严重超采现象目前十分普遍，不仅使地下水位大幅下降和水质变坏，还导致地面下沉和沿海地区的海水入侵。此外，工业废水和生活污水未经处理直接排入江湖，水污染加剧。因此，我国学习先进国家经验，广泛开展地下水补给的地下储水工程十分迫切。尤其需要我国岩土工程、水文地质、给排水工程领域的专家尽早联合开展地下储水工程的全国规划和试点工程研究。

能源是一个国家的经济命脉，一旦发生能源危机，将会引起社会动荡和经济发展停滞。我国石油进口量随着经济发展逐年上升。石油储备是稳定供求关系、平抑市场价格、应付突发事件、保障国家能源安全的重要手段。

国外能源(石油、天然气)储存的方式有陆上储罐、海上储罐和地下储存等。现代战争表明,地表能源储库是敌人打击的首选目标。地下能源储库不易被发现和破坏,易于保护,是一种平时和战时都较安全、稳妥的储存方式,被称为“高度战略安全的储库”。

采用在岩体(一般为花岗岩)中水封储存或在盐岩中溶腔储存,由地质条件决定,前者被北欧诸国采用,后者广泛应用于美国、德国、法国、俄罗斯、墨西哥、加拿大。由于盐岩具有超低渗透特性与良好的蠕变行为,其能够保证储库的密闭性;盐岩的力学性能稳定,能够适应储压的变化;盐岩溶于水的特性使盐岩储库的施工(溶腔)较为容易和经济。

我国的地下盐岩资源丰富,分布范围广,特别是在经济发达的华东沿海地区,具有良好的建设地下能源储库的地质条件。

3 城市地下空间资源开发信息化技术研究

3.1 地下空间资源按用途分类

地下空间资源按用途分类和使用形式见表3-1。这些功能分类主要是考虑人性化的使用，而且要考虑到人类可以接受。

表3-1 地下空间资源按用途分类和使用形式

按用途分类	使用形式
工业、民用	住宅、工业厂房等
商业娱乐	地下商业城、图书馆等
交通运输	隧道、地铁、地下停车场等
水利水电	电站输水隧道、农业给排水隧道等
市政工程	给水管道、污水管道、线路、垃圾填埋等
地下仓储	食物、石油及核废料存储等
人防军事	人防工事、军事指挥所、地下医院等
采矿巷道	矿山运输巷道和开采巷道等
其他	其他地下特殊建筑

3.2 地下空间资源按几何形状分类

地下空间资源按几何形状分类见表3-2。按照地下空间与地面建筑的关系，地下空间资源有按地上地下关系分类(表3-3)、按埋深分类(表3-4)和按建筑形式分类(表3-5)。

表 3-2　地下空间资源按几何形状分类

几何形状	施工形式		方向	几何形状	施工形式		方向
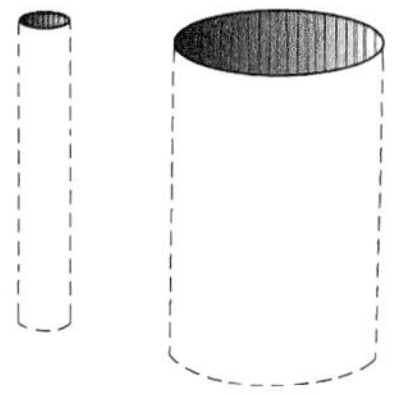	钻孔或竖井	挖掘	垂直或倾斜	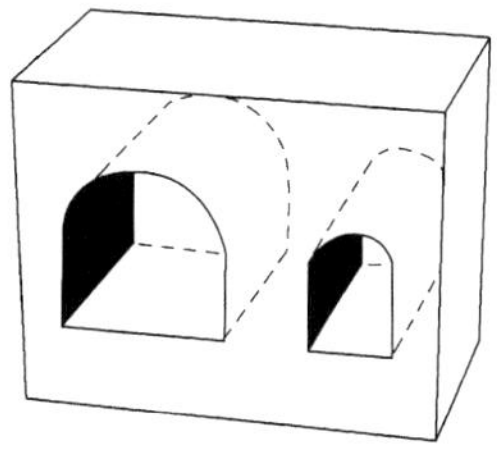	洞室或洞穴	天然或挖掘	水平或倾斜
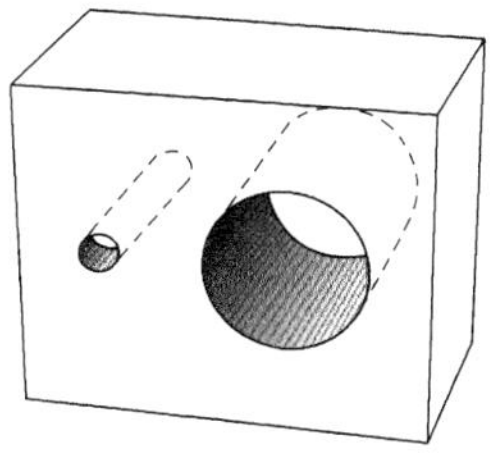	隧道或微型隧道	天然或挖掘	水平、倾斜或螺旋	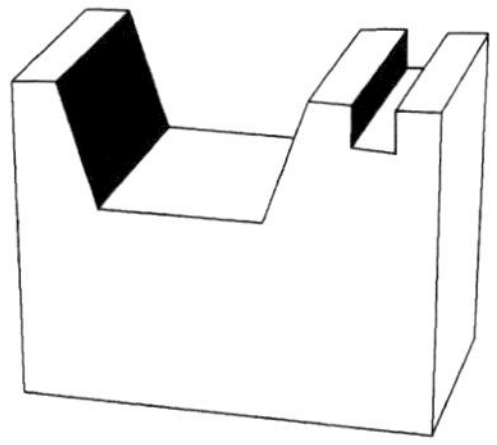	堑壕或露天矿	明挖	倾斜或垂直

表 3-3　地下空间资源按地上地下关系分类

窗户布置	与地表关系
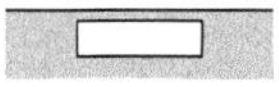 装饰型	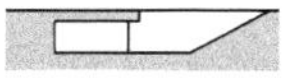 地面以下
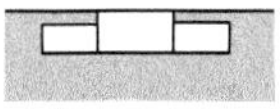 中间天窗型	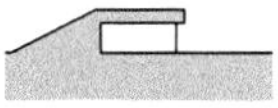 覆土型
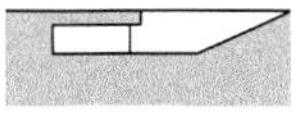 仰角型	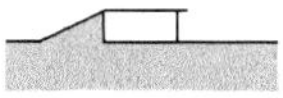 无覆土型
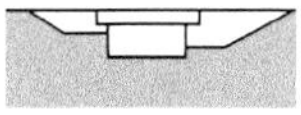 贯通型	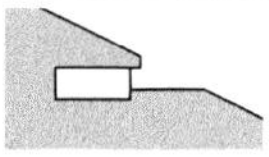 丘陵斜面型

表 3-4　地下空间资源按埋深分类

名称	埋深范围/m			
	小型结构	中型结构	大型运输系统结构	采矿结构
浅埋	0～2	0～10	0～10	0～100
中深	2～4	10～30	10～50	100～1 000
深部	＞4	＞30	＞50	＞1 000

表 3-5 地下空间资源按建筑形式分类

一般功能	规模描述
住宅	单一家庭
	小群家庭
	大群家庭
	定居
	分布广泛的区域建筑物群
非住宅	小储存室或工作间
	中等尺寸建筑物规模
	大建筑物规模
	街区规模
	地区规模
基础设施 （公用、隧道）	街区规模
	地区规模
	城市规模
	区域规模
	国家规模

3.3 地下空间资源的三级分类

通过对已有的分类进行对比分析，我们提出了地下空间的三级分类法。该分类法的优点是通过一级分类就将几乎所有的地下工程类型概括进去，然后在二级分类中使分类更加明确，最后在三级分类中用具体设施加以说明。这样分类有利于地下空间信息系统的开发和利用。

3.3.1 三级分类方法

地下空间资源的一级分类如图 3-1 所示，二级分类如图 3-2、图 3-3 和图 3-4 所示。具体三级分类方案见表 3-6。

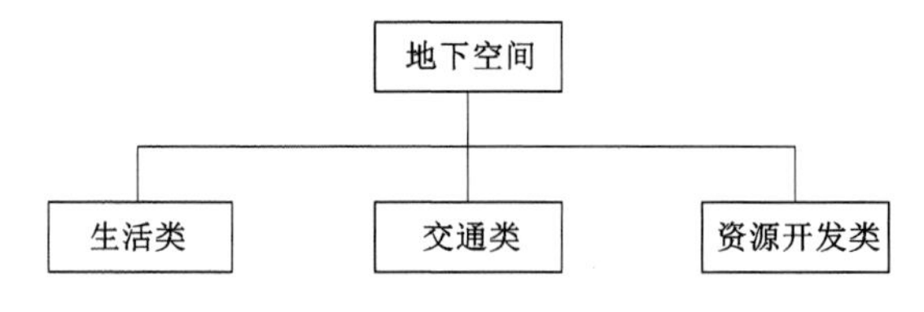

图 3-1 地下空间资源的一级分类

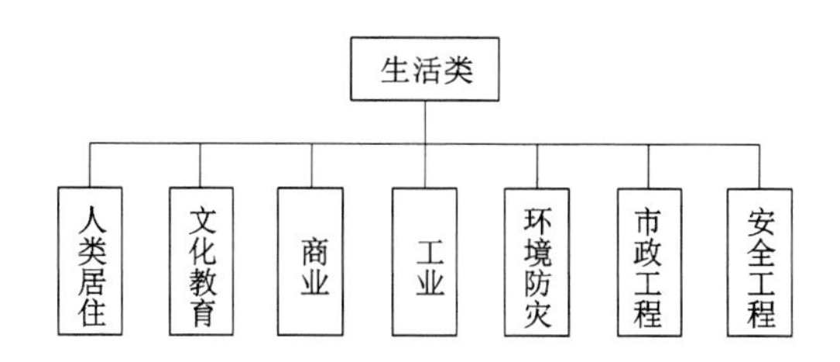

图 3-2　地下空间资源的二级分类(生活类)

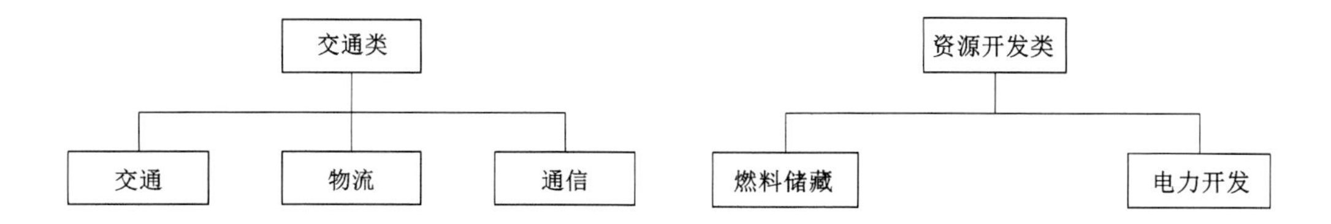

图 3-3　地下空间资源的二级分类(交通类)　　图 3-4　地下空间资源的二级分类(资源开发类)

表 3-6　地下空间资源的三级分类方案汇总表

一级分类	二级分类	设施
生活	人类居住	地下室
		地下医院
		地下食物储藏
	文化、教育	图书馆
		音乐厅
		体育运动场
		宗教场所
	商业	地下商场
		地下商业街
		地下停车场
	工业	地下工厂
	防灾	地下河
		人防工程
	市政工程	地下供给系统
		地下废弃物处理
		放射性物质处理
		共同沟
	安全工程	人防工程
		国防工程

表 3-6(续)

一级分类	二级分类	设播施
交通	地下交通	地铁
		地下轻轨
		地下步行道路
		海、水底隧道
资源	储藏燃料	石油储藏
		核燃料储藏
		热、电能储藏库,冷库
	电力开发	水力发电
		火力发电
		原子能发电

3.3.2 具体事例列表分析

为了方便建立地下空间数据库,采用列表和图片相结合的形式,用详细的设施实例来说明地下空间的分类情况,能够使读者最直接地去查阅地下工程这一领域比较详细的情况,三级分类具体实施分析图如图 3-5 所示。

名称:地下居住
国家:日本
设施/一级分类:生活类
设施/二级分类:人类居住
用途、设施:地下室
空间形状分类:拱形
延伸长度/m: 500
面积(断面积)/m^2: 15.6
体积/m^3: 不详
深度/m: 50
建造年份: 不详
地质构成: 火成岩, 地质构造简单
地形: 一般
挖掘方法: 钻眼爆破
支护方法: 锚喷支护

图 3-5 三级分类具体实施分析图

3.4 案例分析

3.4.1 城市地下空间资源的三维信息系统设计

3.4.1.1 概述

城市地下空间资源的三维信息系统的设计目标是能够对复杂的工程资料进行综合、动态管理，提高数据的可视化程度，进一步利用专家系统建立知识推理模型，实现工程智能决策，充分挖掘工程信息的价值。系统设计的目的是在计算机硬件和软件支持下，建立使地质体、地下构筑物等实体实现可视化和信息化，并对城市地下空间的勘察、设计、施工、监测甚至城市规划和管理中各种地图和空间地理分布信息进行数据采集、存储、管理、分析和输出的综合性空间信息系统，是当前数字城市建设的重要组成部分和基础组件，是城市信息化和城市可持续发展的重要组成内容。

3.4.1.2 系统数据源分析

从城市范围来说，城市地下空间资源是指城市规划区内地表以下的空间。地下空间信息包括实体定位信息、非定位信息和时间尺度信息，其中实体定位信息是指空间几何位置描述信息，如地质构造几何信息、地下构筑物(地下管线、地铁等)几何信息等，这一类信息以地理坐标和拓扑关系为描述主线；非定位信息是指属性描述信息，如污染情况、沉降情况和历史开挖情况等；时间尺度信息是指记录定位信息和非定位信息的不同时间尺度信息。

工程中可以用很多方法来描述上述地学数据，这些“多源”数据可统称为地理数据，包括区域地质数据(观测点资料、断层走向产状数据、剖面图等)、物探数据(地球物理、地球化学)、地磁数据、遥感数据、地震数据、测井数据、钻孔数据、平洞数据、地质构造场数据、重力数据、航磁数据和数字化地图等。

城市地下空间信息一般可分为五类：① 地层信息和地质勘探信息；② 地下水资源信息；③ 地下构筑物信息；④ 地下管线信息；⑤ 施工过程信息。

3.4.1.3 系统功能需求

城市地下空间资源三维信息系统的基本功能由输入模块、数据库管理模块、功能模块、系统维护模块、输出模块五大模块组成，其中功能模块包含三维地层建模、构筑物建模、三维可视化、空间分析、专业应用等子模块。

3.4.1.3.1 输入模块

(1) 数据采集：需要提供多种数据获取手段，包括手扶跟踪数字化、图纸扫描屏幕数字化、直接从测量仪器获取数据及外部数据文件等。

(2) 外部数据格式转换：支持较广泛的数据交换格式，实现与多种图形处理系统交换数据，向用户提供数据交换的程序接口，便于用户交换成系统的格式，也提供直接录入数据的模式。

(3) 数据编辑与处理：主要提供图形编辑和属性编辑功能，属性编辑主要与数据库相关联，图形编辑则与可视化交互功能紧密联系。

3.4.1.3.2 数据库管理模块

(1) 空间数据管理：实现数据的组织与管理，为适应不同用户和不同应用的需求，可以分别使用文件系统和关系型数据库来存储和管理空间几何数据；属性数据由关系数据库管理，同时提供修改和更新等数据管理功能。

(2) 数据库管理：包括数据库事务管理、用户权限管理、数据容错与恢复、空间索引和属性索引等。

(3) 数据共享服务。

(4) 数据查询：具有由属性数据查询空间、空间数据查询属性、拓扑查询、属性数据条件查询和查询报表生成等功能。

3.4.1.3.3 功能模块

(1) 三维地层建模：作为最基本的功能建模模块，具有各种系统内部支持的建模功能，空间维数上可提供地层的 2D、2.5D、3D 建模功能，数据模型上可提供基于 TEN、基于多层 TIN 和基于面模型三种可选建模方式，方便处理断层、尖灭、透镜体等复杂地层情况。

(2) 构筑物建模：包括地铁建模、地下管网建模、变电站建模等，目前系统主要采用 CSG 模型构建，同时提供了基于单纯形剖分的地下管网建模。

(3) 三维可视化：提供基本图形操作，如镜像、偏移、拉伸、修剪、打断、缩放、旋转、平移、消隐等，可以根据用户需要方便地进行各类专题图的显示和交互，分层输出各种专题图、统计图、图表及数据等。

(4) 空间分析：主要提供一些基于数据库和图元的分析功能，典型的有空间统计分析，三维面积、体积计算，空间叠置及缓冲区分析等。

(5) 专业应用：提供数值分析、地下水模拟、地面沉降分析、地下工程监测等子模块，分析结果为工程设计和施工提供依据。

3.4.1.3.4 系统维护模块

该模块提供口令更改、一致性检查、后备恢复、元数据扩充、数据字典更新和数据更新等功能。

3.4.1.3.5 输出模块

该模块提供数据格式转换、注记符号编辑和打印等功能。

3.4.1.4 系统总体设计框架

城市地下空间资源三维信息系统采用三层架构——数据服务层、业务逻辑层与用户服务层。数据服务层是整个系统的数据提供者。业务逻辑层直接对其操作实现数据访问，其目标是建立面向客户的统一虚拟数据访问层，实现物理上分布的局部数据库数据整合，包括矢量数据库、属性数据库及栅格数据库。业务逻辑层是整个信息基础系统数据资源整合中心与核心业务功能提供者，可实现地下建筑物的建模、可视化、虚拟展示与决策分析等功能。它又可划分为建模核心层、表现层、分析层、应用层四个层次。用户服务层面向最终用户，实现用户交互和数据显示，通过系统的安全控制机制及安全认证方法，为最终用户提供基于 B/S 架构的各种应用服务，满足用户的最终需要。系统总体结构如图 3-6 所示。

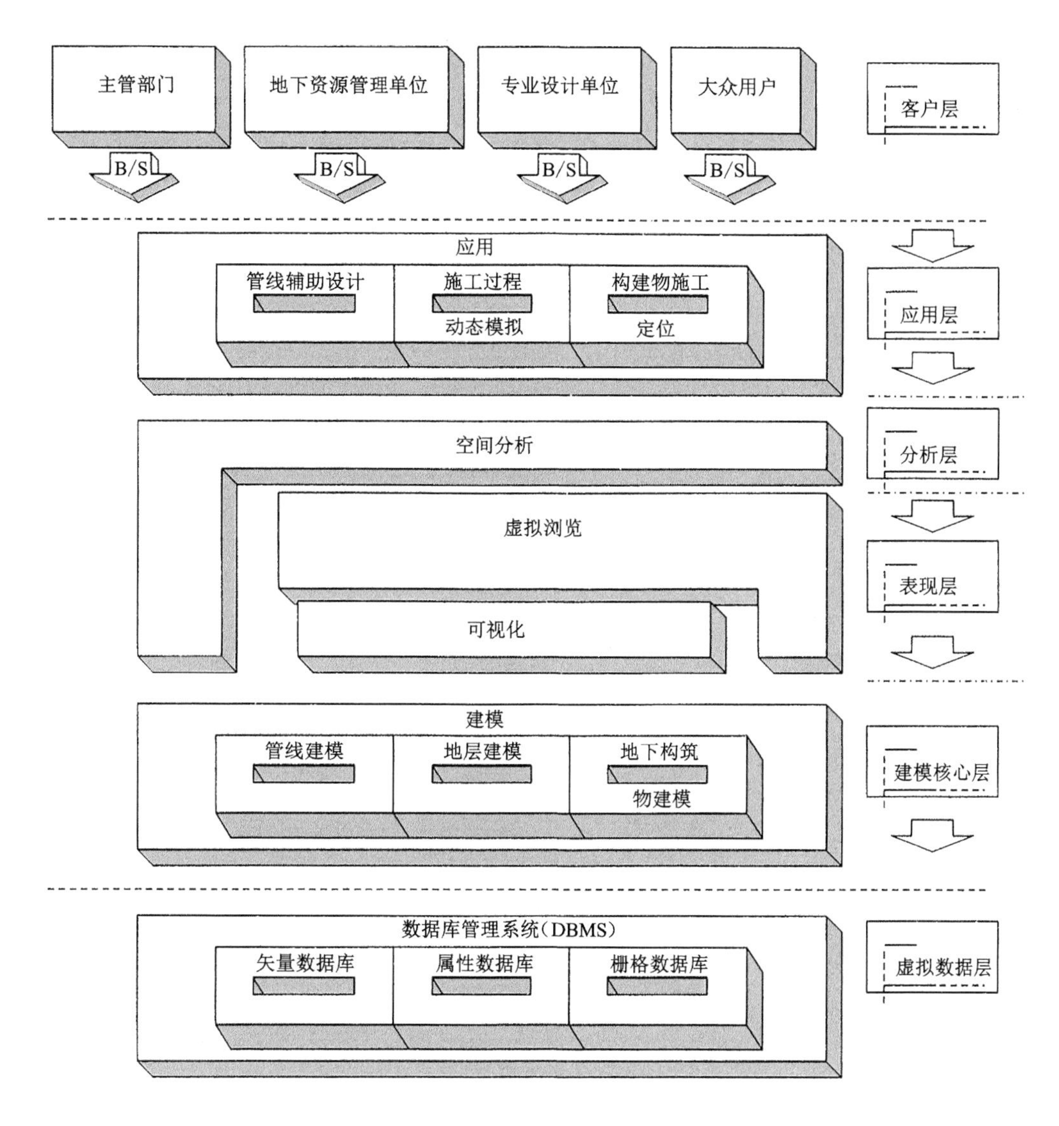

图 3-6　系统总体结构图

3.4.2　城市地下空间资源的 BIM 系统设计

3.4.2.1　概述

在城市地下空间资源从建设到运营的生命周期内，对其物理和功能用数字化进行表达，并依次设计、施工、运营的过程和结果称为城市地下空间资源开发的 BIM（building information modeling）系统设计。而利用 GIS、物联网、大数据、云计算和人工智能等技术，实现上述 BIM 全生命周期内信息数据集成、传递、共享和应用而开发的软硬件环境即 BIM 数据集成与管理平台。

3.4.2.2　基本框架设计

城市地下空间资源开发从可行性研究、初步设计、施工图设计到施工建设全过程应在上述 BIM 平台基础上实现工程的数字化交付。

3.4.2.3　建设单位的工作流程

(1) 明确工程建设各阶段 BIM 应用目标；

(2) 建立组织架构和 BIM 应用管理体系；

(3) 建立包含模型创建要求、各阶段模型创建内容、各阶段模型应用与交付要求、模型与文件管理等的 BIM 技术标准；

(4) 建设 BIM 数据集成与管理平台，满足各工程单位相互协作的要求和便于管理；

(5) 建立满足 BIM 数据集成与管理平台运行要求的硬件和网络环境；

(6) 制定在勘察、设计、施工、监理及设备采购等环节中对 BIM 工作内容和技术指标的具体要求；

(7) 制定各个阶段对 BIM 交付成果审核的机制和激励措施，以及核对竣工验收模型与实体的一致性，并向运营单位提交竣工验收模型。

3.4.2.4　勘察单位的工作流程

(1) 按照 BIM 技术标准创建地质模型和场地模型；

(2) 对上述模型进行可靠性检查和核实，并进一步完善上述资料；

(3) 根据工程和企业自身需求，研究便于提升地质模型和场地模型创建质量和效率的方法和技术；

(4) 建立上述模型的工作流程和工作方法，便于上述过程的技术升级。

3.4.2.5　设计单位的工作流程

(1) 根据建设单位要求的技术标准创建 BIM 设计模型；

(2) 在工程可行性研究阶段、初步设计阶段和施工图设计阶段开始设计方案优化，提供符合 BIM 设计质量要求的设计工作；

(3) 研究建立 BIM 设计过程的协同工作模式；

(4) 研究建立各专业设计共享的 BIM 数据集成与管理平台；

(5) 研究适应上述平台的各类辅助设计工具，提高设计效率。

3.4.2.6　施工单位的工作流程

(1) 根据建设单位的 BIM 技术要求，结合设计方案、施工方法、施工工艺及项目管理要求完善施工图设计模型，形成施工模型；

(2) 利用施工模型完善施工方案，指导现场施工；

(3) 建设 BIM 数据集成与管理平台，对施工进度、质量、安全、成本等进行管理；

(4) 按照建设单位 BIM 技术标准创建竣工验收模型；

(5) 根据工程和企业自身需要，利用施工模型对工程成本进行实时、精确的分析和计算，提高对项目成本和工程造价的管理能力；综合应用数字监控、移动通信和物联网技术，实现施工现场即时通信与动态监管、工程结构及支撑体系安全分析、大型施工机械操作精度检测、复杂结构施工定位与精度分析、施工安全风险动态监控等智慧建造，提高施工精度、效率和安全保障水平。

3.4.2.7　监理单位主要工作流程

（1）根据建设单位 BIM 技术标准要求，审核施工过程模型信息与施工现场的一致性；

（2）参与审核竣工验收模型与工程实体、竣工图纸的一致性；

（3）利用 BIM 数据集成与管理平台辅助施工监理工作。

3.4.2.8　城市地下空间资源可行性开发阶段 BIM 应用

（1）可行性研究阶段可应用 BIM 对设计运营功能、工程规模、工程投资等进行分析，验证工程项目可行性、落实外部条件、稳定线路站位、优化设计方案，保证设计方案的合理性、适用性和经济性。

（2）可行性研究阶段以方案设计模型为基础，利用 GIS、大数据、云计算等技术对设计方案进行规划符合性分析、服务人口分析、景观效果分析、噪声影响分析、征地拆迁分析及地质适宜性分析等，选择最优设计方案，并以设计方案为依据进行相关区域的规划控制管理。

（3）可行性研究阶段 BIM 应用主要包括以下内容：

① 规划符合性分析：利用 BIM 数据集成与管理平台集成城市地下空间资源开发的方案设计模型，分析拟开发的城市地下空间与城市规划的关系，特别是城市地下空间资源开发与周边建（构）筑物的位置关系、交通关系、商业一体化开发关系等，实现城市地下空间资源开发与城市规划协同一致。

② 服务区域人口与环境分析：利用 BIM 数据集成与管理平台集成城市地下空间资源开发的方案设计模型，并通过接入城市总体规划获取周围环境、地形地貌、周围人口分布信息库等信息，快速统计城市地下空间开发区周围地质、地形特征、人口信息，用于开发后对周围环境以及交通、商业等的影响进行预测分析。

③ 地下空间开发效果分析：利用 BIM 数据集成与管理平台集成地下空间开发方案设计模型，模拟开发地下空间及周边环境，分析城市地下空间与原有城市地面规划，周围建筑设施与周边交通、商业环境相结合的综合效果。

④ 地下空间内部环境效果分析：利用 BIM 数据集成与管理平台集成城市地下空间方案设计模型和内部灯光、噪声等影响分析输出的数据，在三维场景中展示地下空间物理、灯光、噪声影响特征，统计分析地下空间对影响区域内的建筑（数量、面积、产权单位、用途等）、交通人流分布、人口流向（数量、职业等）等信息。

⑤ 征地拆迁分析：在场地模型中集成城市用地规划、建（构）筑物产权单位、建设年代、建筑面积、城市人口分布等信息，利用 BIM 数据集成与管理平台分析设计方案需要拆迁的建（构）筑物的数量、面积、产权单位和拆迁成本等。

⑥ 地质适宜性分析：利用 BIM 数据集成与管理平台集成地下空间方案设计模型，分

析设计方案中线路穿越的地层、地下水和不良地质情况，提高方案分析和调整的效率。

⑦ 规划控制管理：利用 BIM 数据集成与管理平台集成城市地下空间开发方案设计模型与城市控制性详细规划信息，建立包含完整地质、交通、商业、环境模型信息的数字城区，进行设计方案审查和规划控制，实现整个规划的动态管理。

⑧ 投资估算分析、施工安全风险分析、设计方案可视化、控制因素分析等其他应用。

4 城市地下空间资源及评估预测方法研究

4.1 城市地下空间资源

在土地表面以下的土层或岩层中,天然形成或人工开发的空间统称为地下空间。地下空间是岩体圈空间的一部分,岩体圈空间的主要特点与位于其上的水圈和大气圈不同,它具有致密性和构造单元的长期稳定性。1981年5月,联合国自然资源委员会正式将地下空间列为自然资源。1991年,《东京宣言》指出:地下空间是城市建设的新型国土资源,它是自然资源之一,是土地资源向下的延伸,与其他国土资源(如矿产资源和水资源)一样,是人类赖以生存和发展的基础。因此,地下空间资源已成为城市规划的新空间和新内容。一个城市合理开发的地下空间资源量可以用城市总用地面积乘以合理开发深度所得体积的40%来估算,如果合理开发深度为100~150 m,当城市平均容积率为80%时,城市空间容量将扩大26~40倍。

4.2 城市地下空间资源评估方法

城市地下空间资源的调查与评估是贯彻城市空间发展战略和城市规划的一项基础工作。通过对整体范围的宏观调查评价或对局部项目地区的详细调查评价,为城市规划和具体开发项目提供有关地下空间资源的信息,包括资源的影响因素、资源分布、储备容量、合理开发容量、保护范围、开发价值、综合效益和资源动态发展变化规律等基本图和数据。

4.2.1 城市地下空间资源的属性

任何地下空间资源均存在于一定的地质环境之中,地质条件直接影响地下空间资源的价值。充分认识地下空间的自然资源属性和地质特点,是科学认识、评估、规划、开发、利用和管理地下空间资源的基础。与自然资源对比,地下空间资源的基本属性主要有:

(1) 稀缺性和有限性:自然资源的固有特性。地下空间作为受地质环境和经济技术水平制约的自然空间,同样不可能无限制使用。

(2) 整体性:地下空间不仅为城市提供独立的空间场所,还为城市发展提供了一个整体规模的潜在空间,其地质条件、水文条件、城市建设现状、社会经济和生态环境等因素相互联系、相互制约,甚至交叉共生,从而构成了一个系统。

(3) 地域性:城市不同区域的地下空间,其自然和现状条件不同,社会经济条件和技术工艺条件也具有差异。

(4) 多用途性:大部分自然资源都具有多种功能和用途,地下空间资源同样可以为城市绝大多数功能提供空间,并与地面空间形成互补关系。

(5) 变动性:随着人类社会经济发展和技术进步,社会需求、自然条件和人为环境因素发生变化,地下空间资源概念、利用功能、广度和深度也不断演变,资源的条件和存在背景呈动态变化趋势。

(6) 社会性:人类对地下空间的开发利用,以及为了开发地下空间而做的评估、规划、技术革新等一切活动,都体现了地下空间资源的社会驱动因素,地下空间为社会服务,社会发展又促进地下空间资源的利用和保护。

(7) 价值属性:城市地下空间资源是城市土地资源的延伸,不仅为城市提供"自然价值"——空间场所,而且伴随城市土地资源所创造的巨大财富和社会效益,产生了地下空间资源的权属关系和开发效益(经济效益和社会效益)问题。

(8) 再生性和非再生性:地下空间资源的可逆性(即在被利用的过程中连续或往复供应的能力)较差,地下空间的存在环境一旦被破坏就很难恢复原状。

4.2.2 城市地下空间资源的容量

城市地下空间资源的容量为其占用的空间体积或容量,数量指标可用地下空间占有的空间体积或者可有效利用的建筑面积来表达。城市地下空间资源容量概念有几个不同的层次:

(1) 地下空间资源的天然蕴藏量:在指定地下区域的全部空间总体积,包括可开发领域与不可开发领域的体积总和。

(2) 可合理开发的资源容量:在指定区域内不受各种自然和建筑因素制约的技术条件下可进行开发活动的空间领域总体积,在这个岩土体的空间范围内,开发活动不得侵犯周围受法律保护的领域,不得威胁城市地质环境和已有建(构)筑物的安全。

(3) 可供有效利用的资源容量:在可供合理开发的资源分布区域内,符合城市生态和地质环境安全需要,保持合理的地下空间距离、密度和形态,在一定技术条件下能够进行实际开发并实现具有使用价值的潜在建设容量。在数值上,可供有效利用的资源容量在可供合理开发资源容量中占据一定比例。

(4) 城市地下空间的实际开发量:根据城市发展需求、生态与环境控制和城市规划建设方案实际确定或开发的地下空间容量。

4.2.3 城市地下资源评估的内容和目标

城市地下空间资源评估是一项涉及学科交叉、影响因素多、信息多源化的复杂任务,包含资源调查和资源评价两个阶段内容。

(1) 资源调查:即资源信息调查,目标是获得地下空间资源的多源空间信息和影响地下空间资源开发利用因素的信息,分析地下空间资源形成的必要条件,为资源评价提供基本数据。

(2) 资源评价:以调查的信息为基础,定性和定量分析地下空间资源影响要素作用和相关参数,获得可供合理开发的资源数量以及其质量分布的定量评价结果。

资源评估的目标是绘成地下空间资源分布图、评估图和建立评估数据库，为城市地下空间规划的编制提供基本数据和科学依据。

4.2.4 城市地下空间资源评估方法

4.2.4.1 评估总则

（1）评估依据

评估采用的原始资料包括：地面空间现状资料、地下空间现状资料、城市总体规划资料、工程地质条件与水文地质条件资料等。

（2）评估范围

评估范围主要包括平面范围和深度范围。其中平面范围是指规划地区划定边界范围内的面积，如北京规划市区的中心地区包括东城区、西城区、朝阳区、海淀区和丰台区5个城区，边界在四环路内，面积约318.23 km^2。深度范围一般是指从地表至地下100 m。综合地面空间状况的影响深度及资源的可能功能布置，地下空间资源的深度范围划分为4层。

① 浅层：地表至地下10 m，开敞空间和低层建筑基础影响深度。

② 次浅层：地下10～30 m，中层建筑基础影响深度。

③ 次深层：地下30～50 m，特殊地块和高层建筑基础影响深度。

④ 深层：地下50～100 m。

由于评估依据（现状和规划调整）的数据是随时间变化的，因此评估结果具有动态性和时效性。

4.2.4.2 评估的基本要素与指标体系

评估的基本要素是评估模型和指标体系建立的依据。评估指标体系是将评估要素规范化、同量纲化、系统化。指标参数的确定应以经济、政策、法律法规和当前及今后可预见的工程技术条件为前提，参数精确度以满足宏观评价为标准。其评价的基本要素包括：

① 基本地质和工程地质条件。

② 水文地质条件。

③ 地下埋藏物和已开发利用的地下空间。

④ 地面建筑物及基础。

⑤ 地面开敞空间。

⑥ 区位分布。

⑦ 竖向深度。

位于山区时还应考虑地形和地貌的影响。

进行宏观评估时，城市的经济发展水平、现代化程度、土地利用与城市规划总体标准、政策法规、气候条件、城市人口总体状况、生态与环境、地下空间施工和维护技术水平等因素，不作为分析要素和评估指标。

城市地下空间资源评价指标体系主要由上述基本要素组成，为了便于资源等级评价，可将上述基本要素分为四类：工程地质条件适宜性、水文地质条件适宜性、区位对地下空间开发利用的有利程度等级、竖向深度对地下空间开发利用的有利程度等级。具体评价指标体系见图 4-1。

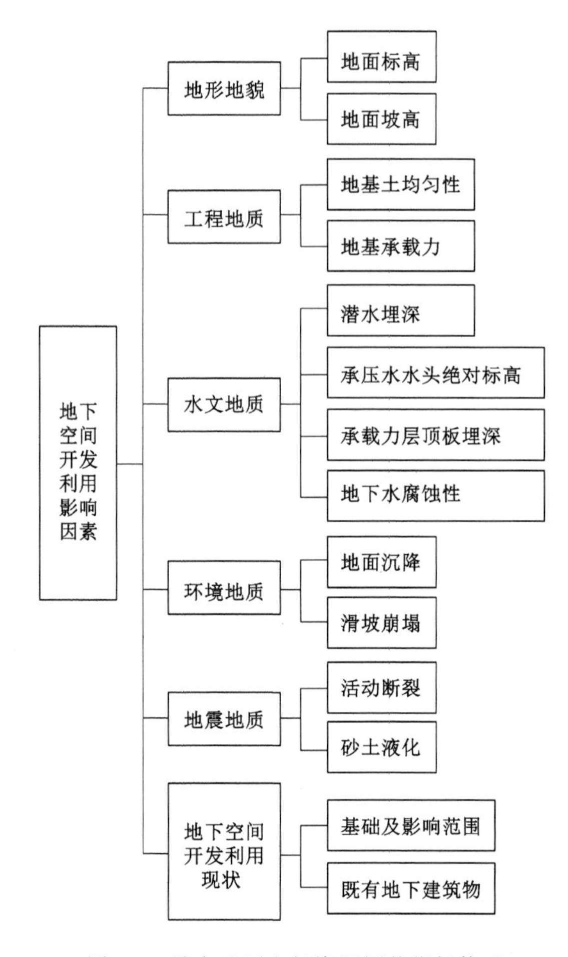

图 4-1 城市地下空间资源评价指标体系

4.2.4.3 城市地下空间资源调查评价方法

在城市地下空间资源的总蕴藏量中，除去受到不良地质条件、水文地质条件、地下埋藏物、已开发利用的地下空间、建筑物基础和开敞空间制约的空间后，剩余的空间范围即可供合理开发的资源蕴藏分布。这种调查评估地下空间资源分布范围的方法称为影响要素逐项排除法。

设 V 为评估范围内城市地下空间的总蕴藏空间，V_1 为不良地质条件和水文地质条件制约的空间，V_2 为受地下埋藏物制约的空间，V_3 为受已开发利用地下空间制约的空间，V_4 为受开敞空间和建筑物基础制约的空间，V_5 为可供合理开发利用资源的空间。则可供合理开发利用的地下空间资源为：

$$V_5 = V - (V_1 + V_2 + V_3 + V_4) \tag{4-1}$$

各因素制约的空间有可能是重叠的，如图 4-2 所示。

例如：(1) V_1 与 V_2 的空间位置可能重叠，即地下埋藏物所在区域可能也是工程地质条件不良的地区。

(2) V_1、V_2 与 V_4 位置可能重叠，例如城市保护绿地区域下部 10 m 以上区域，可能也是工程地质条件和水文地质条件不良区或地下埋藏物影响区域。

(3) V_3 与 V_4 空间位置可能会重叠，例如保留建筑物下部可能建有的地下室。

如图 4-3 所示，阴影部分为影响因素制约区，圆圈内空白部分为可供合理开发的资源蕴藏分布区。

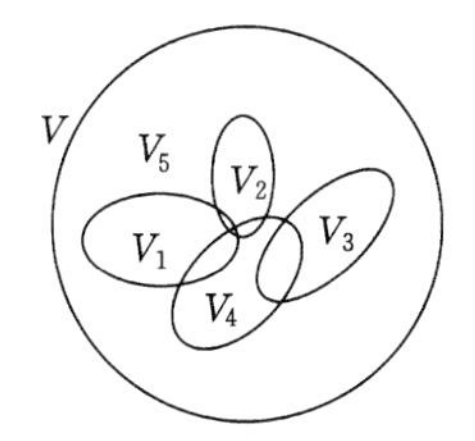

图 4-2　地下空间容量的组成关系图

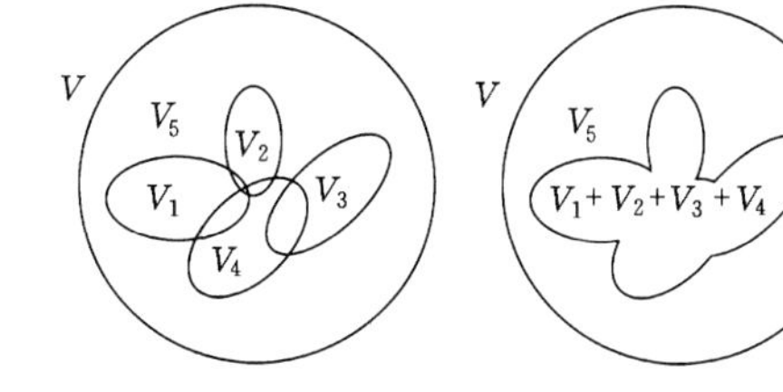

图 4-3　排除法评判步骤示意图

在实际评价操作中，可采用制约区空间图形叠加法和排除法取得地下空间可供合理开发的资源分布及容量，首先按照各制约因素的影响深度范围进行层次划分，假定各层次内制约因素影响为均匀分布，对影响制约区进行图形叠加，则得到所有制约空间的总投影范围；用评估单元内资源天然总蕴藏量减去制约空间的体积，则得到评估单元内可供合理开发的资源分布及容量。

4.3　城市地下空间资源需求预测方法

4.3.1　按生态城市要求的预测方法

2006 年同济大学学者提出了一种按生态城市要求预测地下空间资源需求总量的方法，其计算公式为：

$$S_{总} = (\mathrm{CL} + \mathrm{CA}/n + \mathrm{RA} + \mathrm{GL}) \times P \times \beta \tag{4-2}$$

式中，$S_{总}$ 为城市生态空间资源需求总容量，m^2；CL 为城市人均建设用地指标，m^2/人；CA 为城市人均建筑面积指标，m^2/人；n 为容积率(项目规划建设用地范围内全部建筑面积与规划建设用地面积之比)；RA 为城市人均道路面积指标，m^2/人；GL 为人均公共绿地指标，m^2/人；P 为规划城市建成区内从事第三产业人口数；β 为开发强度系数。

4.3.2　专家调查法

2007 年，解放军理工大学研究人员提出一种地下空间需求预测方法，从对需求影响因素的分析入手，通过专家问卷调查，从 20 多个影响因素中得到特征根大于 1 的 5 个因素，即地面容积率、土地利用性质、区位、轨道交通、地下空间现状。然后建立需求模型：

$$Q = \sum h_i y_i \quad (i = 1 \sim 5) \tag{4-3}$$

式中，Q为城市地下空间需求量；h_i为地下空间需求强度修正系数；y_i为相应影响因素地下空间的需求量，分别为地面容积率、土地利用性质、区位、轨道交通、地下空间利用现状。分别为影响需求的五个要素。

4.3.3 基于城市分系统的预测方法

2007年，清华大学研究人员在现有多种预测方法基础上提出分系统单项指标标定法。

城市地下空间资源需求预测的合理思路是基于单系统划分对各系统进行需求预测，再对各系统需求量求和，即得到城市地下空间资源总体需求量。对单系统进行需求预测，使用数学预测模型最为直接有效，此时可采用单项指标标定法，根据各系统的需求机理选用合适的需求强度指标作为预测模型参数。基于这一思路，提出分系统的城市地下空间需求预测框架体系，如图4-4所示。

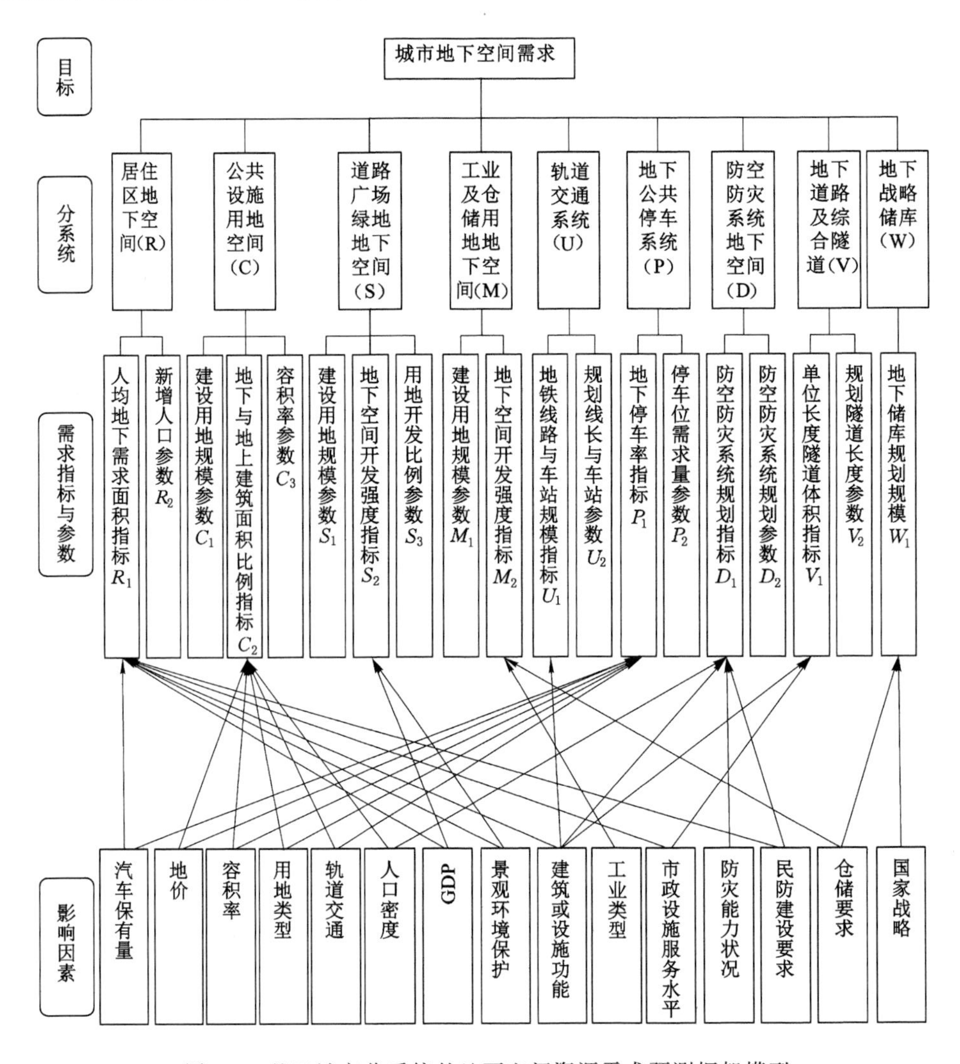

图4-4 基于城市分系统的地下空间资源需求预测框架模型

4.4 案例分析

4.4.1 北京市地下空间资源调查与评估结果

依据上述提供的地下空间资源调查与评估方法，经计算，北京市西城区、东城区、海淀区、朝阳区和丰台区5个中心地区面积约为318.23 km^2，评估地块占地面积为248.17 km^2，地块外道路占地面积为70.07 km^2，通过建立地下空间资源信息系统平台，把影响地下空间资源分布的分项因素评估因素进行叠加，可得到北京市中心地区可供合理开发的地下空间资源量，见表4-1。

表4-1 北京市中心地区可供合理开发的地下空间资源量(2000年)

地层	地块内可供合理开发空间资源总量/m^3	道路下可供合理开发空间资源容量/m^3	可供合理开发的空间资源容量/m^3	各层空间资源总蕴藏量/m^3	可供合理开发资源容量占资源总蕴藏量的比例/%
浅层	3.86×10^8	2.50×10^8	6.36×10^8	3.18×10^9	20.0
次浅层	1.57×10^9	1.26×10^9	2.83×10^9	6.36×10^9	44.5
次深层	3.96×10^9	1.33×10^9	5.29×10^9	6.36×10^9	83.2
深层	1.21×10^{10}	2.80×10^9	1.56×10^{10}	1.59×10^{10}	98.1
总计	1.80×10^{10}	5.64×10^9	2.44×10^{10}	3.18×10^{10}	76.7

北京市区地块内部地面建筑密度一般为30%～40%，假定地下空间资源平均有效开发比例为其占地面积的40%(浅层)、20%(次浅层)、10%(次深层)和5%(深层)，假设地块内地下空间建筑平均层高为3.6 m(浅层)、5 m(次浅层及以下)，道路下空间平均层高为5 m，则在今后一段时间内，北京市中心地区地块内部可供有效开发的地下空间资源容量估算见表4-2。

表4-2 北京市中心地区地块内部可供有效开发的地下空间资源容量估算表(2000年)

地层	可供合理开发的资源容量/hm^3		有效开发的资源容量/hm^3		可提供的新建筑面积/hm^2	
	地块内	道路内	地块内	道路内	地块内	道路内
浅层	38 599	25 024	15 440	10 010	4 289	2 002
次浅层	156 955	126 117	31 391	25 223	6 278	5 045
次深层	396 315	133 124	39 632	13 312	7 926	2 662
深层	1 214 668	284 265	60 733	14 213	12 147	2 843
总计	1 806 537	568 530	147 196	62 758	30 640	12 552
合计	2 375 007		209 954		43 192	

分析上述数据可知，北京市中心地区的地下空间资源十分巨大，浅层和次浅层地下空

间资源可供合理开发的资源容量达 63 623 hm^3 和 283 072 hm^3，如果开发其中的 20%～40%，则有效开发的容量约为 25 449.2 hm^3 和 56 614.4 hm^3，折算建筑面积约为 7 065 hm^2 和 11 304 hm^2，而次深层和深层地下空间资源的巨大有效容量可达 8 亿～12 亿 m^3，完全可以满足未来大型城市交通及其他基础设施的建设需求。

4.4.2 厦门、青岛、北京市地下空间资源需求预测结果

根据上述地下空间需求量预测方法，对厦门、青岛、北京三个城市 2020 年的需求量进行了预测，其中表 4-3、表 4-4、表 4-5 分别为上述三个城市 2020 年地下空间资源需求量预测结果。

表 4-3 厦门市 2020 年城市地下空间资源需求量预测结果

开发内容及位置	开发量(建筑面积)/万 m^2
居住区	560
城市公共设施	390
城市大型公共绿地	300
工业区	90
物流仓储区	100
市政基础设施	636
防空防灾系统	100
各类地下储库	100
总计	2 276

表 4-4 青岛市主城区 2020 年城市地下空间资源需求量预测结果

开发内容及位置	开发量(建筑面积)/万 m^2
地下铁道及地铁车站	152
旧城区主要商业街道开发	240
城区主干道立体化改造	200
地下综合体	110
地下社会停车场	460
新旧居住区建设改造	1 785
总计	2 947

表 4-5 北京市中心地区 2020 年城市地下空间资源需求量预测结果

开发内容及位置	开发量(建筑面积)/万 m^2
旧城区主干道改造	685
旧房及传统四合院改造	600
新开发居住区	4 250

表 4-5(续)

开发内容及位置	开发量(建筑面积)/万 m^2
旧城以外地区	1 200
特殊再开发区	430
地铁隧道及车站	700
地下社会停车场	1 054
立体化交通枢纽	48
合计	8 967

据测算，该市 2020 年的建筑面积总量应达到 1.14 亿 m^2，如果届时地下空间开发量达到 2 276 万 m^2，则相当于地面建筑面积总量的 20%，与该市目前提出的发展目标基本相符。

根据青岛城市年鉴(2015 年)，青岛今后建筑面积增量为每年 500 万 m^2，到 2020 年，该市的建筑面积总量应达到 1.67 亿 m^2，如果 2020 年地下空间资源开发量达到 3 000 万 m^2(新开发量加上原有量)，则相当于地面建筑面积总量的 18%，再加上城市市政设施、防空防灾设施和地下仓储设施，达到或超过 20%是可能的，即与该市总体规划确定的发展目标基本一致。

表 4-5 表示，北京市中心地区 2020 年已开发与将要开发的地下空间资源总量将达 1.1 亿 m^2(已开发 2 000 万 m^2，新开发 9 000 万 m^2)，届时总建筑面积将达到 4.5 亿 m^2，即地下容量占建筑面积总量的 24.4%，考虑到在此期间开发的防灾专用设施和市政公用设施的地下空间尚未计入，故 2020 年北京市地下空间资源总量达到建筑面积总量 30%是完全有可能的。

5 城市地下空间规划基本理论研究

5.1 城市与城市规划

5.1.1 城市的基本内涵

城市，顾名思义为“城”和“市”的组合。在原始社会，人类聚居时为了防御野兽和相邻部落的袭击，在居民点外围挖掘壕沟，用土、木、石材砌筑围墙，形成了“城”的雏形，在以后的社会中（尤其是封建社会），“城”的作用和构造日益完善，但其作为防御性构筑物的本质一直没变。生产力的发展带来了剩余产品，也出现了商品交换，随着交换量的增加逐渐出现了专门从事商品交易以赢取利润的商人，交换场所也渐渐固定，成为“市”，“市”的产生晚于“城”。

城市从其产生而言，是从事商业交换活动并具防御功能的居民集居点，这一相对简单的特性维持了几千年。

随着人类社会数千年的发展，尤其是近代工业革命（也称为第二次产业革命）对城市的发展产生了巨大的影响。随着工业的飞速发展，人口变得更集中，城市化速度大大加快，城市规模也迅速扩大。因此，城市是一定时期政治、经济、社会及文化发展的产物，总是随着历史的发展和特殊需要而变化。如果从城市规划的角度来定义，城市应该是一个以人为主，以空间有效利用为特征，以聚集经济效益为目的，通过城市建设形成的集人口、经济、科学技术与文化于一体的空间地域系统。这一概念涵盖四个方面的含义：(1) 城市的人本性——城市由人类建设，为人类提供福利；(2) 城市的聚集性——城市是最节约的空间资源配置形态；(3) 城市规划的必要性——城市规划是实施科学管理的有效方式；(4) 城市的多元性——城市是区域的社会、经济、文化中心。

国务院于 2014 年 11 月 20 日印发了《关于调整城市规模划分标准的通知》，将城市划分为五类七档：城区常住人口 50 万以下的城市为小城市，其中 20 万以上 50 万以下的城市为Ⅰ型小城市，20 万以下的城市为Ⅱ型小城市；城区常住人口 50 万以上 100 万以下的城市为中等城市；城区常住人口 100 万以上 500 万以下的城市为大城市，其中 300 万以上 500 万以下的城市为Ⅰ型大城市，100 万以上 300 万以下的城市为Ⅱ型大城市；城区常住人口 500 万以上 1 000 万以下的城市为特大城市；城区常住人口 1 000 万以上的城市为超大城市。

以上是从人口数量出发，将城市分为超大、特大、大、中和小五类。从城市类型的角度还可分为港口贸易城市、旅游城市、矿业城市、以某种产业为主的城市。

《中华人民共和国城市规划法》规定："城市是指国家按行政建制设立的直辖市、市、镇"。这就是说，法律意义上的城市是指直辖市、建制市和建制镇。

5.1.2 城市规划

与任何学科的发展和运用一样，城市规划学科也经历了一个由自发到自觉、由感性认识到理性认识的过程，经历了无数次从理论到实践，又从实践到理论，最终形成了一门涉及政治、经济、建筑、技术、艺术等关于城市发展与建筑方面的学科，并不断发展。

城市规划是在人们认识到如何改善环境以满足生活、生产和安全等方面的需求，并根据已有经验对居住点进行修建、改造时产生的。

理论发展是以物质基础为前提的，当第二次产业革命的风暴席卷欧洲，资本主义得到迅速发展的时候，城市的自发生长已不能满足城市健康发展的要求，工业的高度集中带来了严重的污染，土地价格的暴涨吸引了大量的资金和人口，在有限的土地上掘取高额利润的同时，除了环境污染外还产生了以交通问题为主的诸多其他矛盾，危害劳动人民生活的同时也严重妨碍了资产阶级自身的利益。为了避免出现城市衰退现象，资产阶级提出了解决这些矛盾的城市规划理论，希望解决资本主义社会各种城市矛盾，虽然因为规划师的阶级立场限制致使规划设想成为主观臆想或难以取得预期效果，但是，有特定研究对象和范围、有体系、有深度的系统的现代城市规划学形成并迅速发展。

5.1.3 城市规划内容

5.1.3.1 城市规划任务

城市规划的根本目的是改善和提高人民生活、生产水平，促进生产力发展。

城市规划的基本任务：以城市社会、经济发展目标为依据，合理布置城市空间，更好地促进生产力发展，提高人民生活水平。

从某种意义上讲，城市规划是一种生产关系的建设，既然是生产关系的建设，城市规划就必然具有阶级性。例如，中国封建社会具有代表性的城市都采用了中轴对称的布局方法，皇宫位于最中间部位，城市布局尊卑主次分明，一定程度上是儒家思想的体现；"邻里单位"等西方城市规划理论中明确提出不同阶层的居民尽量集聚在一起居住，体现了资产阶级当时的社会改良、阶级调和的论调。

我国改革开放前的城市规划受计划经济的影响，在城市用地布局中不太强调发展第三产业，因此在某些大城市的很好地段并未用于发展商业服务，而是布置了工厂或住宅，土地无偿使用，土地资源难以得到有效利用。改革开放以后，城市规划的指导思想发生了巨大变化，开始将发展生产力放到首要位置，合理布局城市空间，开始实行土地有偿转让，如在上海等大城市开展城市改造过程中，大量的人口迁居实际上是重新调整产业结构和进行用地布局，体现了"黄金地段，黄金效益"的思想。

所以城市规划是政治的反映，与时代气息相呼应。美国国家资源委员会则直称城市规划是"一种政策活动"。

5.1.3.2 城市规划的基本内容

城市规划是指依据城市的经济社会发展目标和生产力布局的要求，在充分研究城市的生态环境、经济、社会和技术发展条件的基础上，确定城市的性质，预测城市发展规模，选择城市用地的发展方向，按照工程技术和环境的要求，综合安排城市各项工程设施，并对各项用地进行合理布局。

城市规划的基本内容主要包括以下几个方面：

(1) 收集和调查基础资料(自然条件、历史条件等)，研究满足城市经济社会发展目标的条件和措施。

(2) 论证、确定城市性质，预测发展规模，拟定城市分期建设的技术经济指标。

(3) 合理选择城市各项用地，确定城市的功能布局，并考虑城市的长远发展方向。

(4) 提出市域城镇体系规划，确定区域性基础设施的规划原则。

(5) 拟定新区开发和旧区利用、改造的原则、步骤和方法。

(6) 确定城市各项市政设施和工艺措施的原则和技术方案。

(7) 拟定城市建设艺术布局的原则和要求。

(8) 根据城市基本建设的计划，安排城市各项重要的近期建设项目，为各单项工程设计提供依据。

(9) 根据建设的需要和可能，提出实施规划的措施和步骤。

不同性质的城市，规划内容都应有各自的特点和侧重点，简而言之，工业城市应侧重考虑如何发展工业，旅游城市则侧重考虑如何更好地发展旅游业，等等。

5.1.3.3 城市规划的阶段划分

城市是经济、政治、文化的载体，综合性很强，因此在编制规划过程中不可能一步到位地做出详尽的规划，为了兼顾全局、抓住重点，城市规划工作是从抽象到具体、从宏观到微观、从战略到战术分阶段进行的。《中华人民共和国城乡规划法》第二条规定："城市规划、镇规划分为总体规划和详细规划。详细规划分为控制性详细规划和修建性详细规划"。《城市规划编制办法》第二十一条和二十四条规定："编制城市总体规划，应当以全国城镇体系规划、省域城镇体系规划以及其他上层次法定规划为依据。编制城市控制性详细规划，应当依据已经依法批准的城市总体规划或分区规划，考虑相关专项规划的要求……编制城市修建性详细规划，应当依据已经依法批准的控制性详细规划"。因此，在我国的城市规划法中对城市规划进行如下阶段划分：

(1) 城市规划纲要。

(2) 城市总体规划(包含市域和县域城镇体系规划)。

(3) 分区规划。

(4) 详细规划(控制性详细规划和修建性详细规划)。

5.1.3.4 城市总体规划的调整和修改

城市总体规划的调整是指城市人民政府根据城市经济建设和社会发展情况，按照实际需要对已经批准的总体规划进行局部变更。例如，由于城市人口规模的变更，需要适当扩大城市用地，对某些用地的功能或道路宽度、走向等在不违背总体布局基本原则的前提下进行调整；对近期建设规划的内容和开发程序进行调整等。局部调整的决定由城市人民政府作出，并报同级人民代表大会常务委员会和原批准机关备案。

城市总体规划的修改是指城市人民政府在实施总体规划的过程中发现总体规划的某些基本原则和框架已经不能满足城市经济建设和社会发展的要求，必须作出重大变更。例如由于产业结构的重大调整或经济社会发展方向的重大变化造成城市性质的重大变更；由于城市机场、港口、铁路枢纽、大型工业等项目的调整或城市人口规模大幅度增长，造成城市空间发展方向和总体布局的重大变更等。修改总体规划由城市人民政府组织进行，并须经同级人民代表大会或其常务委员会审查同意后报原批准机关审批。

5.1.3.5 城市规划的审批

城市规划必须坚持严格的分级审批制度，以保证城市规划的严肃性和权威性。

(1) 城市规划纲要需经城市人民政府审核同意。

(2) 城市总体规划的审批：

直辖市的城市总体规划由直辖市人民政府报国务院审批。

省和自治区人民政府所在地城市、百万人口以上的大城市和国务院指定城市的总体规划，由所在地省、自治区人民政府审查同意后报国务院审批。其他城市的总体规划报省、自治区人民政府审批。县人民政府所在地镇的总体规划报省、自治区、直辖市人民政府审批，其中市管辖的县人民政府所在地镇的总体规划报所在地市人民政府审批。其他建制镇的总体规划报县(市)人民政府审批。

城市人民政府和县人民政府在向上级人民政府报请审批城市总体规划前，必须经同级人民代表大会或者其常务委员会审查同意。

(3) 单独编制的城市人防建设规划，直辖市要报国家人民防空委员会和住房和城乡建设部审批；一类人防重点城市中的省会城市，要经省、自治区人民政府和大军区人民防空委员会审查同意后，报国家人民防空委员会和住房和城乡建设部审批；一类人防重点城市中的非省会城市及二类人防重点城市需报省、自治区人民政府审批，并报国家人民防空委员会、住房和城乡建设部备案；三类人防重点城市报市人民政府审批，并报省、自治区人民防空办公室、住房和城乡建设委员会(住建厅)备案。

(4) 单独编制的国家级历史文化名城的保护规划，由国务院审批其总体规划的城市，报住建部、国家文物局审批；其他国家级历史文化名城的保护规划报省、自治区人民政府审批，报住建部、国家文物局备案；省、自治区、直辖市级历史文化名城的保护规划由省、自治区、直辖市人民政府审批。

单独编制的其他专业规划，经当地城市规划主管部门综合协调后报城市人民政府审批。

(5) 城市分区规划经当地城市规划主管部门审核后报城市人民政府审批。

(6) 城市详细规划由城市人民政府审批。已编制并批准分区规划的城市的详细规划，除重要的详细规划由城市人民政府审批外，可由城市人民政府授权市规划主管部门审批。

5.2 城市地下空间规划与城市规划的关系

城市规划为地下空间规划的上位规划，编制地下空间规划要以城市规划为依据。同时，城市规划应积极吸取地下空间规划的成果，并反映在城市规划中，最终达到两者的和谐与协调。

(1)《城市规划编制办法》规定,城市地下空间规划,是城市总体规划的一个专项子系统规划。此处城市地下空间规划是指地下空间总体规划,故其规划编制、审批与修改应按照城市总体规划的规定执行。

(2) 地下空间控制性详细规划一般可以单独编制,也可以作为所在地区控制性详细规划的组成部分。单独编制的地下空间控制性详细规划一般以城市规划中的控制性详细规划为依据,属于"被动"型的地下空间补充性控规。如果地下控规与地区控制性详细规划协同编制,作为控制性详细规划的一个组成部分,则属于"主动"型的地下空间控制性规划,易形成地上、地下空间一体化控制。

(3) 城市地下空间设计属于城市设计的重要组成部分,应包括地上、地下的一体化外部空间形态及环境设计。

5.3 城市地下空间规划基本理论

城市地下空间规划应基于对地下空间现状的研究以及对城市一定期限内地下空间发展的预测,提出城市地下空间的开发战略,并对地下空间开发利用的功能、规模与形态进行科学规划,同时提出地下空间开发利用的实施步骤,以使之能与城市保持系统协同发展。

城市地下空间的规划设计应注意保护和改善城市的生态环境,科学预测城市发展的需要,坚持远近兼顾、全面规划、分步实施,使城市地下空间的开发利用与经济技术发展水平相适应,并且应实行竖向分层、立体综合开发、横向相关空间相互连通、地下工程与地面建筑协调和配合。

城市中重要建筑、城市设施、文物古迹等的下部空间浅层部分都不宜被开发与利用。而城市中的道路、广场、绿地以及非特殊用途建筑用地的下部浅层空间的开发利用对其没有影响,故城市浅层可用地下空间资源主要来源于后者。

尽管道路、广场、绿地、空地、水面以及一般性建筑用地的下部浅层空间都可以作为城市浅层地下空间开发利用的对象,但地面建筑的兴建,往往会因其基础结构的侵入而影响浅层地下空间的开发利用。如上海自 20 世纪 80 年代以来建设的许多高层建筑,桩基深度有的深达七八十米,且大多数分布于城市中心,不但影响浅层地下空间的开发利用(如地铁的建设),而且还影响深层地下空间的开发利用。

城市地下空间开发利用规划的对象主要是指城市可用地下空间资源。现阶段我国城市地下空间的规划对象主要是广场、绿地、道路、水面等的下部空间,其次是空地、一般性建筑物的下部空间。规划是指对上述地下空间的综合性开发利用作出科学且合理的安排,以促进城市地上、地下协同发展。

5.3.1 地下空间功能的演化

城市是由多种复杂系统构成的有机体,城市功能是城市存在的本质特征,是城市系统对外部环境的作用和秩序。城市地下空间功能是城市功能在地下空间上的具体体现,城市地下空间功能的多元化是城市地下空间产生和发展的基础,是城市功能多元化的条件。但是一个城市地下空间的容量是有限的,若不强调城市地下空间功能的分工,势必造成城市地上和地下功能的失调,无法达到解决各种城市问题的目的。

城市地下空间的开发利用是人们为了解决不断出现的城市问题而寻求的出路之一,因此城市地下空间功能的演化与城市发展过程密切相关。在工业社会以前,由于城市规模相对较小,人们对城市环境的要求相对较低,城市交通问题不够突出,因此城市地下空间开发利用很少,而且其功能也比较单一。进入工业化社会后,城市规模越来越大,城市各种矛盾越来越突出,城市地下空间开发利用就越来越受到重视。1864 年世界上第一条地铁在英国伦敦建造,标志着城市地下空间功能向以解决城市交通为主的功能转化。此后世界各地相继建造地铁以解决城市交通问题,目前全世界已修建了几千千米的地铁线。

随着城市的发展和人们对生态环境要求的提高,特别是在 1987 年联合国环境与发展委员会提出城市可持续发展议程后,城市地下空间的开发利用已从原来以功能型为主,向改善城市环境和增强城市功能并重的方向发展。世界上许多国家的城市出现了集交通、市政、商业等于一体的地下空间综合开发,如巴黎拉德芳斯地区、蒙特利尔地下城和北京中关村西区等综合型地下空间开发项目。

随着城市的发展,城市用地越来越紧张,人们对城市环境的要求越来越高,城市地下空间功能必将朝着以解决城市生态环境为主的方向发展,真正实现城市可持续发展。

5.3.2 地下空间功能的确定原则

根据城市地下空间的特点,地下空间功能的确定应遵循以下原则。

(1) 以人为本原则

城市地下空间开发应遵循“人在地上,物在地下”“人的长时间活动在地上,短时间活动在地下”“人在地上,车在地下”等原则,目的是建设以人为本的现代化城市,与自然相协调发展的“山水城市”,将尽可能多的城市空间留给人休憩以享受自然。

(2) 适应原则

应根据地下空间的特点,对适宜进入地下的城市功能应尽可能地引至地下,而不应将不适应的城市功能盲目引进。技术的进步拓展了城市地下空间功能的范围,原来不适应的可以通过技术改造变成适应的,地下空间的内部环境与地面建筑室内环境的差别不断缩小就证明了这一点。因此对于这一原则,应根据上述特点进行分段分析,并具有一定的前瞻性,同时对阶段性的功能给予明确。

(3) 对应原则

城市地下空间的功能分布与地面空间的功能分布有紧密联系,地下空间的开发利用是地面的补充,扩大了容量,满足了对某种城市功能的需求,地下管网、地下交通、地下公共设施均有效地满足了城市发展对其功能空间的需求。

(4) 协调原则

城市的发展不仅要求扩大空间容量,同时应对城市环境进行改造,地下空间开发利用成为改造城市环境的必由之路。单纯地扩大空间容量不能解决城市综合环境问题,单一地解决问题对全局并不一定有益。交通问题、基础设施问题、环境问题是相互作用、相互促进的，因此必须协调发展。城市地下空间规划必须与地面空间规划相协调，只有做到城市地上、地下空间资源统一规划，才能实现城市地下空间对城市发展的重要作用。

5.3.3 城市地下空间的功能

根据地下空间的使用情况和地上城市用地性质的不同，地下空间的功能在城市建设用地下主要表现为人防功能、商业功能、交通集散功能、停车功能、工业仓储功能等。地下空间的功能与地上不同，呈现不同程度的混合性，分为以下几个层次。

（1）单一功能

地下空间的功能相对单一，对相互之间的连通不作强制性要求，比如地下人防功能、地下停车功能、地下工业仓储功能等。

（2）混合功能

地下空间的功能会因不同用地性质、区位、发展要求出现多种功能相混合的情况，表现为“地下商业功能＋地下停车功能＋交通集散功能＋其他功能”。鼓励混合功能的地下空间之间的相互连通。

（3）综合功能

在地下空间开发利用的重点地区和主要节点，地下空间不仅表现出混合功能，而且表现出与地铁、交通枢纽以及与其他用地的地下空间的相互连通，形成更为综合、联系更为紧密的综合功能，表现为“地下商业功能＋地下停车功能＋交通集散功能＋公共通道网络功能＋其他功能”。综合功能的地下空间要求相互连通。

（4）其他较特殊用地的地下空间功能

对总体规划城市用地分类中一些较为特殊用地的地下空间功能作如下规定：

① 公共绿地。城市公共绿地下的地下空间开发利用应严格控制，以局部、小范围开发利用为原则，视具体情况开发利用地下空间。规划公共绿地应根据不同的类型、位置和规模，结合城市周边环境，在一定的范围内因地制宜地设置多种地下空间功能，同时应满足园林绿化的法规与技术要求。

② 水域。水域下原则上不得安排与其功能无关的地下空间，但城市公用的管网、隧道、地铁、道路可穿越。

③ 文物。文物下方原则上不得安排开发类的地下空间，但可根据实际需要在地下安排储藏、设备等必需的功能。

④ 历史文化保护区。历史文化保护区具有特殊性，其中更新类建筑物在更新的过程中可因地制宜地安排地下空间，其功能可根据需求灵活安排。

5.3.4 地下空间布局规划原则

（1）综合利用

地下空间开发利用应注重地上与地下协调发展，地下空间在功能上应混合开发、复合利用，从而提高空间使用效率。

（2）连通整合

高效地使用地下空间在于相互连通，形成网络和体系，应对规划和现有地下空间进行系统整合,方便联络,合理分类,重点是将地下公共空间、交通集散空间和地铁车站连通,提高使用效率,依法统一管理。

(3) 以轨道交通为基础和以城市公共中心为重点进行布局

以地铁网络为地下空间开发利用的骨架,以地铁线为地下空间开发利用的发展轴、线、环、点,以地铁站为地下空间开发利用的发展源,形成依托地铁线网,以城市公共中心为重点建立地下空间体系。

(4) 分层开发与分步实施

将地下空间开发利用的功能置于不同的竖向开发层次,充分利用地层深度。现阶段科学利用浅层,作为近期建设和主要城市功能布置的重点;积极拓展次浅层;统筹规划次深层和深层。

5.3.5　地下空间布局

5.3.5.1　国外地下空间布局理论

(1) 欧仁·艾纳尔(Eugene Henerd)

著名法国建筑师欧仁·艾纳尔堪称倡导地下空间开发利用的先驱,他的设想是:

(1) 环岛式交叉口系统。他提出为了避免车辆相撞和行驶方便,只需车辆朝同一个方向行驶,并以同心圆周运动相切的方式出入交叉口。与此同时,为了解决人车混行的矛盾,在环岛的地下构筑一条人行过街道,并在里面布置一些服务设施,初步显露了利用地下空间实现人车分流的思想。

(2) 多层交通干道系统。欧仁·艾纳尔就城市日益拥挤问题于1910年提出了多层次利用城市街道空间的设想。干道共分五层,布置行人和汽车交通、有轨电车、垃圾 运输车、排水构筑物、地铁和货运铁路。“所有车辆都在地下行驶,实现全面的人车分流,使大量的城市用地可以用来布置花园,屋顶平台同样用来布置花园。”他的这些设想,在现代化城市建设和改造中得以实现。

(2) 勒·柯布西耶(Le Corbusier)

法国著名学者勒·柯布西耶在其所著《明日城市》及《阳光城》中非常具有远见地 阐述了城市空间的开发实质。

1922—1925年,柯布西耶在进行巴黎规划时,非常强调大城市交通运输的需要,提出建立多层交通体系的设想。地下走重型车辆;地面为市内交通,高架快速交通;市中心和郊区以地铁及郊区铁路相连接,使市中心人口密度增加。柯布西耶的思想实质可归纳为两点:其一,传统的城市出现功能性失效,在平面上力求合理密度,是解决这个问题的有效方法;其二,建设多层交通系统是提高城市空间运营的高效、有力措施。柯布西耶论证了新的城市布局形式可以容纳一个新型的交通系统。

(3) 汉斯·阿斯普伦德(Hans Aspliond)

汉斯·阿斯普伦德是著名的“双层城市”理论模式创造者。“双层城市”理论寻求的是一种新的城市模式,使城市中心、建筑、交通三者协调发展。在分析传统的城镇之后他指出:传统交通中各种交通在同一平面上混合,新城则是各种交通在同一水平面上的分离,“双层城市”则要求交通在两个平面上分离。人与非机动车交通在同一平面上,而机动车交通则在人行平面以下，采用这种重叠方式可以大大减少新城的道路用地，节省的土地扩大了空地和增加绿化面积。

(4) 封闭型再循环系统

日本学者尾岛俊雄于20世纪80年代初提出了在城市地下空间中建立封闭型再循环系统的构想，把开放性的自然循环转化为封闭型再循环，用工程技术的方法把多种循环系统组织在一定深度的地下空间中，故又称为城市的“集积回路”。例如，大面积集中供热、供冷系统对于空气的使用来说是一个封闭循环；使用后的污水经过处理后重复使用，从水的利用来看形成了封闭系统（现称为“中水道”系统）；焚烧或气化城市垃圾后回收其中的热能和肥料，也是一种封闭循环；回收电力系统和某些生产过程中散发的余热、废热，再重复用于发电或供热；将天然的热能、冷能、雨水等储存起来供需要时使用等，都可以形成一个封闭循环系统。在资源有限的条件下建立这样的系统对于城市未来的发展来说无疑具有深远的意义。尾岛俊雄提出的再循环系统如图5-1所示。

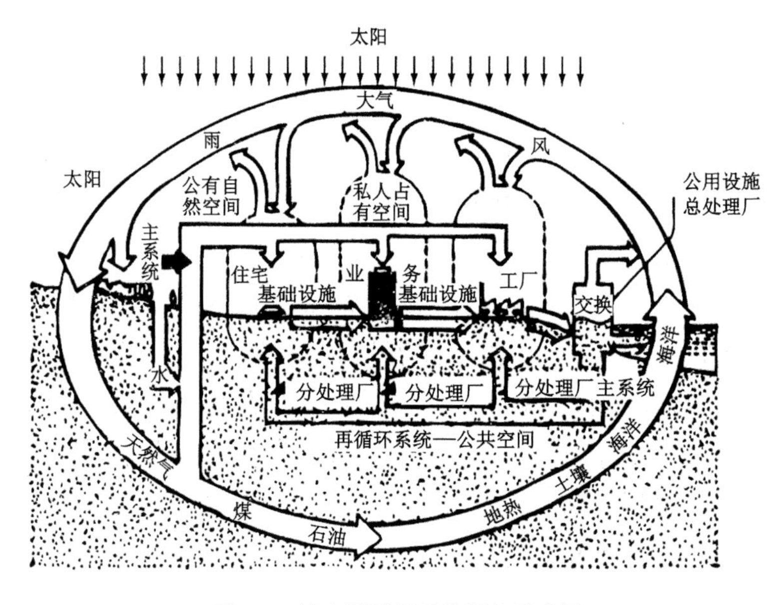

图5-1　城市再循环系统概念示意图

尾岛俊雄于20世纪80年代初针对东京的情况，提出2000年前后在地下50～100 m深的稳定岩层中建造“新干线共同沟”的建议，共同沟为圆形截面，内径11 m、总长55 km，其中布置上述多种封闭循环系统，形成一个地上使用，地下输送、处理、回收、储存的封闭性再循环系统，如图5-2所示。在“新干线共同沟”中要求综合敷设8类市政公用设施管、线——供电、供热、供气、垃圾运送、上水、中水、下水、电信，后来又增加了集中空调系统和有线电视网络。在一期工程规划中对这些管、线的容量进行了预计，下水道最大管径为1 360 cm。

从欧仁·艾纳尔提出立体化城市交通系统的设想、勒·柯布西耶阐明空间开发实质、“双层城市”理论模式的提出与部分实践，直到尾岛俊雄提出封闭型再循环理论，说明人类

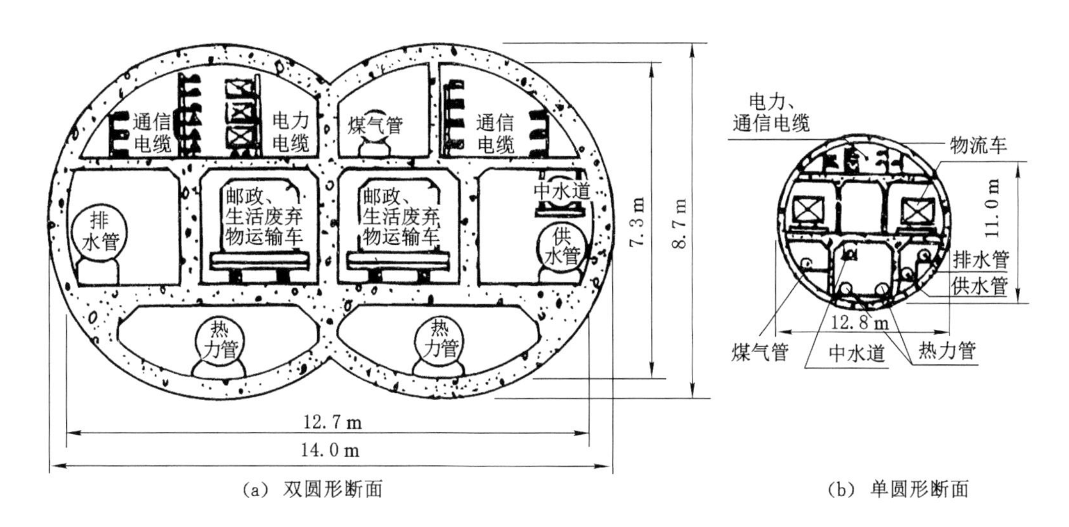

(a) 双圆形断面　　　(b) 单圆形断面

图 5-2　日本大深度地下空间中的"新干线共同沟"布置示意图

对地下空间的开发认识不断深化。

5.3.5.2　城市地下空间的基本形态

城市地下空间一般有以下几种基本形态。

(1) 点状

城市点状地下空间是城市地下空间的基本形态，是城市功能延伸至地下的物质载体，是地下空间形态构成要素中功能最为复杂多变的部分。点状地下空间设施是城市内部空间结构的重要组成部分，在城市中发挥着巨大的作用。如各种规模的地下车库、人行道以及人防工程中的各种储存库等都是城市基础设施的重要组成部分。同时点状地下空间是线状地下空间与城市上部结构的连接点和集散点，城市地铁站是与地面空间相连接的连接点和人流集散点，同时随着地铁车站的综合开发，形成集商业、文娱、人流集散、停车于一体的多功能地下综合体，更加强了其集散和连接的作用。城市功能也具体体现在点状城市地下空间中，各种点状地下空间成为城市上部功能延伸后的最直接的承担者。

(2) 辐射状

以一个大型城市地下空间为核心，通过与周围其他地下空间的连通，形成辐射状，如图 5-3 所示。这种形态出现在城市地下空间开发利用的初期，通过大型地下空间的开发，带动周围地块地下空间的开发利用，使局部地区地下空间形成相对完整的体系，例如地铁(换乘)站、中心广场地下空间。

(3) 脊状

以一定规模的线状地下空间为轴线，向两侧辐射，与两侧的地下空间连通，形成脊状，如图 5-4 所示。这种形态主要出现在城市没有地铁车站的区域，或以解决静态交通为前提的地下停车系统中，其中的线状地下空间可能是地下商业街或地下停车系统中的地下车道，与两侧建筑的地下室连通，或与两侧各个停车库连通。

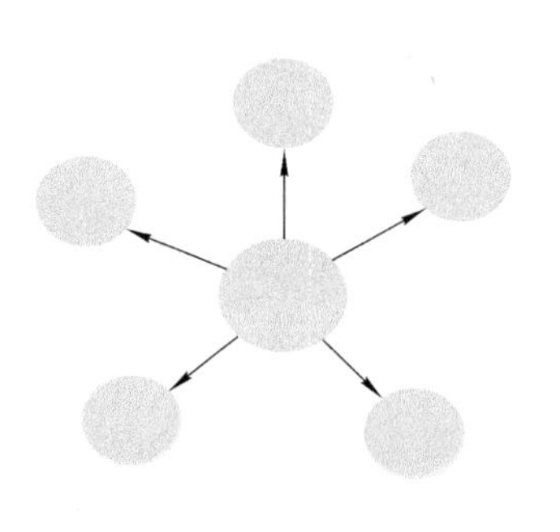

图 5-3 辐射状地下空间形态

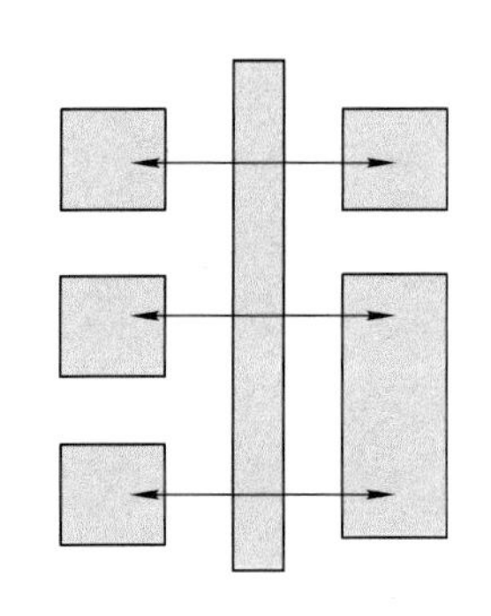

图 5-4 脊状地下空间形态

(4) 网络状

以城市地下交通为骨架，整个城市的地下空间以各种形式连通，使整个城市形成地下空间网络系统。这种形态主要用于城市地下空间的总体布局，一般以地铁线路为骨架，以地铁(换乘)站为结点，将各种地下空间按功能、地域、建设时序等有机组合起来，形成完整的地下空间系统。

目前城市地下空间网络存在“中心联结”“整体网络”“轴向滚动”“次聚集点”四种网络系统模式，如图 5-5 所示。

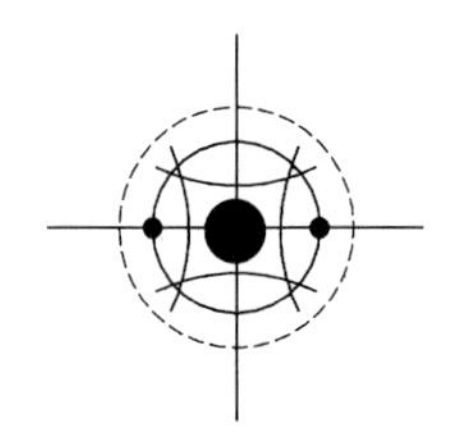

(a)“中心联结”模式(代表为蒙特利尔)

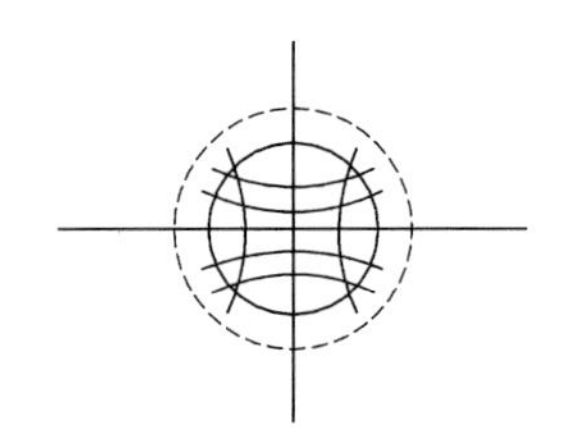

(b)“整体网络”模式(代表为纽约)

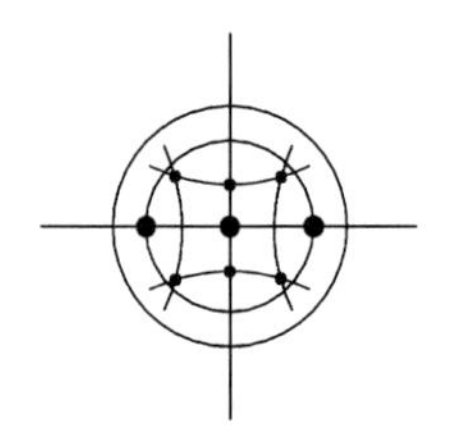

(c)“轴向滚动”模式（代表为东京）

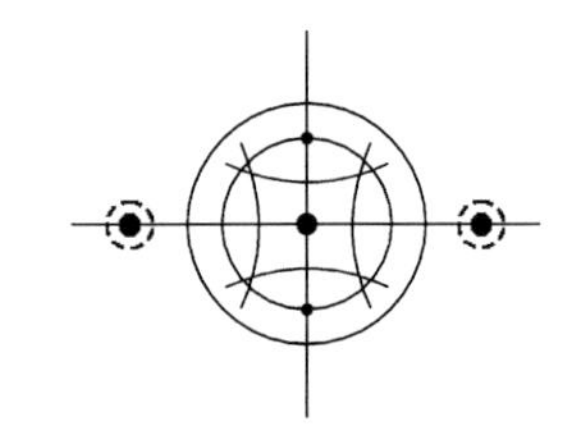

(d)“次聚集点”模式（代表为巴黎）

图 5-5 城市地下空间网络系统模式

“中心联结”“整体网络”“轴向滚动”三种模式主要发生在城市中心的改造更新上，“次聚集点”主要发生在新区开发上。其目的是对大城市中心职能进行疏解，在郊区新建“反磁力中心”，综合处理人、车、物流、建筑之间的关系。由于新区具有统一规划、建设的便利，因此地下公共空间具有有序建设的最好条件。

(5) 立体型(地上地下一体型)

地上地下协调发展既是城市地下空间开发利用的要求,也是城市地下空间开发利用的目标。立体型是指将城市地上、地下空间作为一个整体,根据城市性质、规模和建设目标,将地上、地下空间综合考虑,形成地上地下一体的完整的空间系统,从而充分发挥地上、地下空间各自的特点,为改善城市环境和增强城市功能发挥作用,如图 5-6 所示。

图 5-6 王府井地下空间立体化开发利用效果图

5.3.5.3 城市地下空间的布局方法

(1) 以城市形态为发展方向

与城市形态相协调是城市地下空间形态的基本要求,城市形态有单轴式、多轴环状、多轴放射等。如我国兰州、西宁城市为带状,城市地下空间的发展轴应尽量与城市发展轴相一致,这样易于发展和组织,但当发展趋于饱和时,地下空间的形态变成城市发展的制约因素。城市通常相对于中心区呈沿多轴方向发展,城市也呈同心圆扩展,地铁呈环状布局,城市地下空间整体形态呈多轴环状发展模式。城市受到特有的形态限制,轨道交通不仅是交通轴,还是城市的发展轴,城市空间的形态与地下空间的形态不完全是单纯的从属关系。呈多轴放射发展的城市地下空间有利于形成良好的城市地面生态环境,为城市的发展留有更大的余地。

(2) 以城市地下空间功能为基础

城市地下空间与城市空间在功能和形态方面有着密切关系,城市地下空间的形态与功能同样相互影响、相互制约,城市是一个有机整体,上部与下部不能脱节,其对应的关系显示了城市空间不断演变的客观规律。

(3) 以城市轨道交通网络为骨架

轨道交通在城市地下空间规划中不仅具有功能性,还在地下空间的形态方面起重要作用。城市轨道交通对城市交通发挥作用的同时成为城市规划和形态演变的重要部分,地铁尽可能将居住区、城市中心区连接起来、城市新区连接起来，提高土地的使用强度，地铁车站作为地下空间的重要结点，通过向周围辐射，扩大了地下空间的影响力。

地铁在城市地下空间中规模最大，覆盖面广。地铁线路的选择充分考虑了城市各方面因素，将城市各方向主要人流连接起来形成网络。因此，地铁网络实际上是城市结构的综合反映，城市地下空间规划以地铁为骨架，可以充分反映城市各方面的关系。

另外，除考虑地铁的交通因素外，还应考虑车站综合开发的可能性，通过地铁车站与周围地下空间的连通，增强周围地下空间的活力，提高开发城市地下空间的积极性。

城市地铁网络的形成需要数十年，城市地下空间的网络形态就更需要时间，因此，城市地下空间规划应充分考虑短期和长期的关系。通过长期努力，使城市地下空间通过地铁形成可流动的城市地下网络空间，城市的用地压力得到缓解，地下城市初具规模，同时城市中心区的环境得到改善。

(4) 以大型地下空间为结点

城市面状地下空间的形成是城市地下空间形态趋于成熟和完善的标志，它是城市地下空间开发利用到一定阶段的必然结果，也是城市土地利用、发展的客观规律。

城市中心是面状地下空间较易形成的地区，对交通空间和第三产业空间的需求和促使地下空间的大规模开发，土地级差更加有利于地下空间的利用。由于交通的效益是通过其他部门的经济利益显示出来的，因此容易被忽视，而交通的作用具有社会性、分散性和潜在性，更应受到重视，应以交通功能为主，并保持商业功能和交通功能同步发展。面状的地下空间形成较大的人流，应通过不同的点状地下设施加以疏散，使其不对地面构成压力。大型的公共建筑、商业建筑、写字楼等通过地下空间的相互联系，形成更大的商业、文化、娱乐区。大型的地下综合体承担着巨大的城市功能，城市地下空间的作用也更加显著。

在城市局部地区，特别是城市中心区，地下空间形态的形成分为两种情况，一种是有地铁经过的地区，另一种是没有地铁经过的地区。有地铁经过的地区，在城市地下空间规划布局时都应充分考虑地铁站在城市地下空间体系中的重要作用，尽量以地铁站为结点，以地铁车站的综合开发作为城市地下空间局部形态。在没有地铁经过的地区，在城市地下空间规划布局时，应将地下商业街和大型中心广场的地下空间作为结点，通过地下商业街将周围地下空间连成一体，形成脊状地下空间形态，或以大型中心广场地下空间为结点，将周围地下空间与之连成一体，形成辐射状地下空间形态。

5.3.5.4 城市地下空间的竖向布局

通常将城市地下空间竖向层次分为浅层(地下 10 m 以上)、次浅层(地下 10～30 m)、次深层(地下 30～50 m)、深层(地下 50～100 m)。目前世界上地下空间开发层次多数处于地下 50 m 以上的浅层范围，而我国地下空间开发利用主要研究地下 30 m 以上空间。中国科学研究院课题组编制的《中国城市地下空间开发利用研究》确定城市地下空间竖向层次划分的控制范围一般为：

① 地下 0～10 m，安排市政基础设施管线[包括直埋、电缆沟道或管束、地下管线综合廊道(共同沟)]和排洪暗沟，属浅埋无人空间；

② 地下 0～20 m，安排商业、文化娱乐、医疗卫生、科研教育、轨道交通站台、人行通

道、停车库和生产企业等人们活动频繁的设施，属较多人流空间；

③ 地下 10～30 m，安排轨道交通的轨道、地下机动车道、市政基础设施的厂站、调蓄水库和储藏空间，属深埋，少有人空间；

④ 地下 20～30 m 或更深范围，可作为满足城市某些特殊需求和采用特殊技术需求的空间，属基本无人空间。

在城市地下空间总体规划阶段，城市地下空间的竖向分层的划分必须符合地下设施的性质和功能要求，分层的一般原则：该深则深，能浅则浅；人货分离，区别功能。城市浅层地下空间适合于人类短时间活动和需要人工环境的情况，如出行、业务、购物、外事活动等。对根本不需要人或仅需要少数人员管理的情况，如储存、物流、废弃物处理等，应在可能的条件下最大限度安排在较深的地下空间内。

竖向层次的划分除与地下空间的开发利用性质和功能有关外，还与其在城市中所处的位置、地形和地质条件有关，应根据不同情况进行规划，特别要注意高层建筑对城市地下空间使用的影响。

5.4　案例分析

5.4.1　现状分析

北京中心城现状：地下空间以点状分布、浅层（地下 0～10 m）为主，功能单一，处于地下空间开发的萌芽与发展之间，如表 5-1 所示。地下空间的功能主要表现为停车、商业、人防、交通集散、设备等，其中停车约占 40%，人防约占 30%，商业约占 10%，且功能混杂；绝大部分地下空间横向连接少，与城市街道相连的地下空间仅占 13%；地下空间的建设在 20 世纪 90 年代以后处于高峰期，约占总数的 47%，其建设标准基础较好，其中基础设施完备的地下空间占 43%。

表 5-1　北京市地下空间利用状况一览表

类别＼深度	地下 0～10 m	地下 10～30 m	地下 30～100 m
城市道路用地之下的地下空间	地铁、地下道路、人行地道、地下车库、地下街、共同沟	地铁（隧道）、地下河、地下道路（干道）、地下物流设施、基础设施（导水管、高压煤气管等）	地下骨干设施（高压变电站、地下水处理中心等）
城市道路用地之外的地下空间	地下街、地下住宅、办公用房、公共建筑、地下车库、地下泵站、变电站、区域性供暖等	地下车库、地下设施（泵站、变电所）	地下骨干设施（高压变电站、地下水处理中心）

表 5-1(续)

类别 \ 深度	地下 0～10 m	地下 10～30 m	地下 30～100 m
地区以外的地下空间	地下工厂、交通隧道(公路、铁路)、输水隧道、地下河	地下变电站、交通隧道(公路、铁路)、粮食储存、输水隧道、地下水坝、地下实验研究设施、液化气低压储库等	地下电站、交通隧道(公路、铁路)、能源(石油储存)、输水隧道、地下水坝、地下电力储存设施、液化气低压储库等

5.4.2 城市地下空间平面布局

① 北京城市地下空间的布局结构应与整个城市空间的布局相协调,应是整个城市有机体地上、地下协调发展的最终体现。

② 强调以轨道交通线网为基础,遵循市域城镇体系规划“两轴两带多中心”和中心城“分散集团式”的布局结构。

③ 在市域,在规划 11 个新城的中心区应考虑地下空间开发利用。其中通州、顺义、亦庄及黄村新城中心区应重点积极开发利用地下空间;昌平、怀柔、密云、延庆、门头沟等新城中心区适度开发利用地下空间;房山、平谷等应有控制地开发利用地下空间。城镇建设可根据各自需求与条件考虑地下空间的开发利用。

④ 在中心城,以地铁网络为地下空间开发利用形态的网络化骨架体系,以城市重点功能区为布局重点,形成中心城“双轴、双线、双环、多点”[双轴:长安街和中轴线;双线:地铁 4 号线和 5 号线;双环:地铁 2 号线和 7 号线、9 号线、10 号线;多点结合中关村高科技园区核心区、奥林匹克公园中心区、中央商务区(CBD)、石景山休闲娱乐中心及主要地铁枢纽等重点地区]的布局模式。

⑤ 以城市公共活动中心和主要交通结点为地下空间开发利用的发展源,以大型公共建筑的密集区(商业密集区、地铁换乘站、城市公共交通枢纽及大型开放空间等)为地下空间开发利用重点。

图 5-7 为北京市中心城区地下空间开发利用布局示意图。

5.4.3 地下空间竖向布局

① 浅层空间位于地下 10 m 以上,是人员活动最频繁的地下空间。城市建设用地下的浅层空间主要具有停车、商业服务、公共步行通道、交通集散、人防等功能。在城市道路下的浅层空间可安排市政管线、综合管廊、地铁等。

② 次浅层空间位于地下 10～30 m,人员活动频率较浅层稍差。在城市建设用地下的次浅层空间主要安排停车、交通集散、人防等。在城市道路下的次浅层空间可安排地铁、地下道路、地下物流等。

③ 次深层空间位于地下 30～50 m,深层空间位于地下 50～100 m。这两个层次的地下空间应统筹部署,可安排城市基础设施和城市公用设施,如地下市政设施、深层储藏设施和地下道路等。

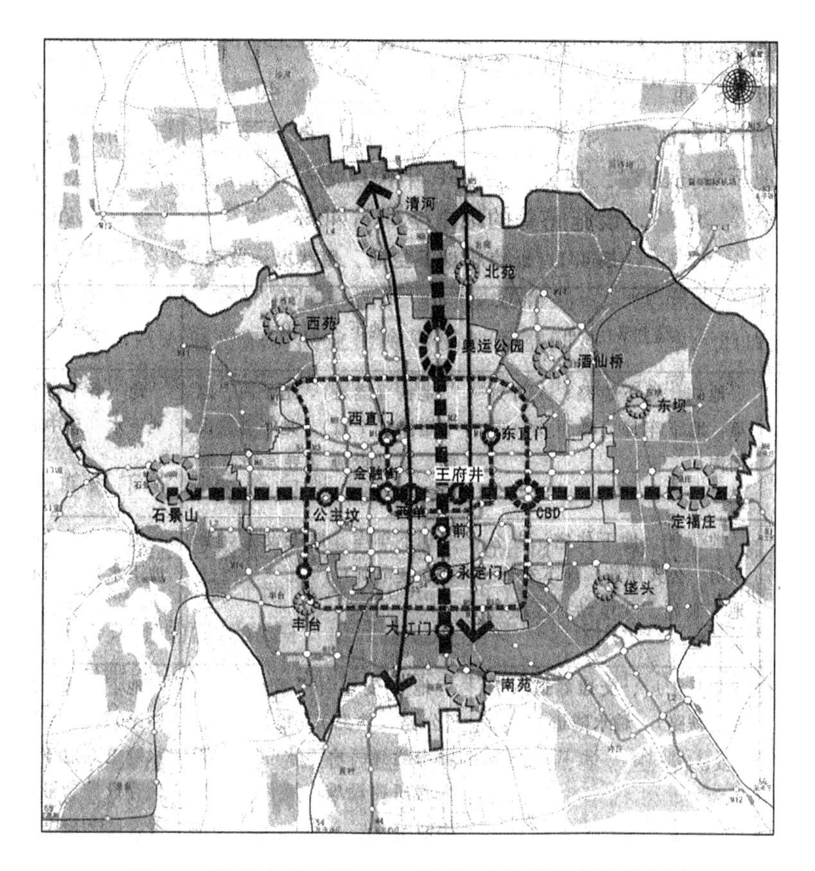

图 5-7 北京市中心城区地下空间开发利用布局示意图

④ 重点地区的地下空间开发利用深度可较深，规划期内应先达到次浅层。

6 城市地下空间公共空间设计方法研究

6.1 概述

现代城市空间是一个由上、下部空间共同组成并协调运行的空间有机体，是一个三维立体化体系。地上、地下空间可以看成城市空间的两个子系统，只有每个子系统都得到良好的发展，城市上、下部空间才能更好地发挥自身的优势，并结合为一体，形成地上带动地下、地下促进地上的可持续发展局面，促进城市的繁荣发展。地下公共空间设计的目的是寻找合理的地下空间资源配置，通过一定的地下公共空间设计来解决城市问题，是城市资源利用集约化、环境舒适化的节约型城市的发展方向。

6.2 城市地下公共空间的分类

城市地下公共空间是指位于地面以下的城市公共空间，是地表以下以土壤或岩体为主要介质的公共空间领域，主要指城市或城市群中在地下建筑中的开放空间体，包括商业、交通、文体、教育、防灾等地下空间，其发展指标与许多城市活动指标相关。地下公共空间使地下建筑集合，使其具有城市公共服务设施的功能，与城市地面的公共空间一样具有双重意义的公共性，是中介空间和可驻留的场所。

地下公共空间的功能组成包括地下公共建筑（商业、文化娱乐、旅馆、医疗、教学、体育设施等）、地下交通建筑、地下防灾防护空间、地下综合体、其他特殊地下公共空间。

（1）地下步道

地下步道是指建于地下的公共使用的步道。多条地下步道有序组织在一起形成地下步行系统。地下步道只有形成连通系统，才能够有效发挥作用。地下步道有联系地下空间、促进人车分流、分担步行人流的作用，地下公共步道由单独的道路部分与分支部分组成。

（2）地下街

地下步道两边开设商店构成的整体就称为地下街。地下街是地下步行系统的一种形式，因此不仅具有地下步行系统的连接作用，还由于复合了商业，本身就是一个可停留的公共活动空间。它具有保存文化生态、促进城市开发、改善地下步行环境、服务地面公共空间的作用。

（3）下沉广场

下沉广场是指广场的整体或局部相对周围环境下沉所形成的围合的开放空间。它是地上和地下空间的转换点，为城市公共活动、商业娱乐及交通集散提供了良好的交换空间。它具有作为舒适的活动空间、建筑的多层次入口、调和高层建筑尺度、改善地下空间环境、隐藏地下空间入口的作用。

(4) 地铁车站

地铁车站泛指位于地下的快速轨道交通车站，包括城市地铁、轻轨、区域地铁和一般铁路的地下车站。它具有促进地面空间地下化、支持高强度开发、作为地下公共空间枢纽的作用。

(5) 地下道路

地下道路是指建于地下的机动车道，大多数是单纯的车行道。有些两侧也有地下步行道，如日本东京新宿站前广场至新宿高层建筑区的地下道路。它具有支持城市步行化和连接地下空间的作用。地下道路在使用上的特点：在与地面的接点容易形成路口堵塞现象，需采取明暗过渡避开地面交叉路口等有效措施。

(6) 地下公共车库

地下公共车库是指提供公共使用的地下停车库，通常也称为地下停车位。它有别于供单位内部使用的地下停车库，属于地下公共空间系统的组成部分。它具有支持地面公共活动、提高停车空间使用效率、促进地铁交通使用的作用。

由于公共空间的设计涉及范围广，因此本章重点介绍地下街和地下车库设计。

6.3 城市地下街设计

6.3.1 概述

地下街最早产生于日本，当时为了吸引客流，在地铁车站中设置了一定规模的商业面积，实践证明这种做法对提高地铁的运营效率、发挥地铁车站区位优势起到了巨大的作用。目前地下街已从单纯的地铁车站的附属设施发展成为集交通、商业、娱乐等于一体的城市地下综合体，在城市发展中发挥着巨大的作用(表 6-1)。

地下街不同于地下商场，地下商场是一种单一功能的地下商业设施，没有“街”的交通功能，而地下街则是一种以交通功能为主，包含商业功能的综合体，两者的规划设计有一定的差别。地下商场按地下的商业建筑进行设计，而地下街必须按地下步行系统与地下商业建筑的要求进行综合设计。

地下街是以城市中的人流聚集点(如城市交通枢纽、商业中心等)为核心，通过地下步行道将人流疏散，同时在地下步行道中设置必要的商店、各种便利的事务所、防灾设施等，必要时还建有地下车库，从而形成地下综合体。所以，地下街由三个基本部分组成，即地下步行道、商店(事务所)和防灾设施(包括设备用房)。

近 10 年来，我国一些大城市为了缓解城市发展中的矛盾，对中心地区进行了立体再开发，建设了不少城市地下街。据不完全统计，目前规划、设计、建造和已经建成使用的近百个，规模从几千到几万平方米不等，主要分布在城市中心广场、站前广场和一些主要街道的交叉口，在站前交通集散广场和地铁车站周围的较多，规模越来越大，综合性越来越强，质量越来越高。因此，借鉴国外经验，加强地下综合体的规划、设计和管理，对我国城市地下空间利用的发展具有重要意义。

表 6-1　日本主要地下街情况表

地下街名称	地址	投入时间	总建筑面积/m^2	步行道面积/m^2	停车场面积/m^2	商店面积/m^2	其他/m^2	步行道宽/m	地下街类型
奥罗拉太阳城	札幌市中央区	1971 年	33 846	7 766	15 156	8 545	2 379	13.8	地铁
八重洲地下街	东京都中央区	1965 年	73 253	15 178	17 217	18 914	21 944	8.6	站前广场
小田急	东京都新宿区	1996 年	29 650	2 636	19 957	4 032	3 025	3～6	站前广场
撒布拉德	东京都新宿区	1973 年	38 364	10 038	15 139	7 470	5 717	3～14	道路
川崎地下街	川崎市川崎区	1986 年	56 916	13 942	15 301	10 706	16 967	6～22	站前广场
波尔塔	横滨市西区	1980 年	39 133	8 997	19 865	9 258	1 013	5～13	站前广场
钻石街	横滨市西区	1964 年	38 816	7 131	14 011	12 243	5 431	2～12	站前广场
新干线地下街	名古屋中村区	1970 年	29 180	7 347	9 652	6 490	5 691	6.8	站前广场
尤尼莫尔	名古屋中村区	1970 年	27 364	8 385	9 772	6 162	3 045	6	道路
中央公园	名古屋中村区	1978 年	58 370	14 962	25 552	12 786	5 100	6～8	地铁
京都部北口广场地下街	京都市中京区	1980 年	243 391	1 124	—	7 881	5 334	6	站前广场
京都御池地下街	京都市中京区	1996 年	32 710	6 260	15 530	5 920	5 000	6	地铁
梅田地下街	大阪市北区	1964 年	27 715	10 007	—	12 061	5 647	6	地铁
南邦	大阪市中央区	1970 年	36 475	14 767	—	15 169	6 539	4～5.5	地铁
大阪部前钻石街	大阪市北区	1995 年	37 100	12 400	9 700	6 100	8 900	6～14	道路
冈山一番街	冈山市车站元町	1974 年	23 201	6 709	3 861	8 052	4 579	3～10	站前广场
天神地下街	福冈市中央区	1976 年	35 250	7 885	16 200	7 280	3 885	4～8	地铁

6.3.2　地下街的类型

地下街有多种分类方法，比较能反映地下街不同特点的是按形态分类。按其所在的位置和平面形状，地下街可以分为：

① 街道型——多处于城市中心区较宽阔的主干道下，平面为狭长形。该类地下街多兼作地下步行通道，也有的与过街横道结合，一般都有地铁线路通过，停车位的需求量也较大。

② 广场型——一般位于车站前的广场下，与车站或在地下连通，或出站后再进入地下街。广场型地下街平面接近矩形，特点是客流量大，停车位需求量大，地下街主要起将地面上人与车分流的作用。

③ 复合型——街道型与广场型的复合，兼有两类的特点，规模庞大，内部布置比较复杂。东京八重洲地下街的一部分在站前广场下，另一部分延伸到广场对面的八重洲大街下；横滨站西口的戴蒙得地下街也属于这种类型。

在日本，多以按地下街建筑面积和其中商店数量分类，有小型、中型、大型三种：

① 小型——面积为 3 000 m^2 以下，商店少于 50 个。这种地下街多为车站地下街或大型商业建筑的地下室，由地下通道互相连通形成，如盛冈车站的地下百货商场、福冈博多车站地下街等。

② 中型——面积为 3 000～10 000 m^2，商店 30～100 个，多数为上一类小型地下街的扩大，从地下室向外延伸，与更多的地下室相连通，如静冈的绀屋町地下街、大阪的堂岛地下街、东京涉谷车站地下街等。

③ 大型——面积大于 10 000 m^2，商店 100 个以上。该类型一般又有三种情况：一是百万人口以上大城市的广场或街道下面的地下街，如东京八重洲地下街、神户三宫地下街等；二是以车站建筑的地下层为主的地下街，加上与之相连通的地下室，如东京新宿西口地下街、大阪梅田地下街等；第三种情况是上面两种情况的复合，如名古屋站前地下街等。

6.3.3　地下街平面布置

(1) 矩形平面

这种形式多用于大中跨度的地下空间，往往位于城市干道一侧，起商业街的作用。设计时要注意长、宽、高比例，避免过高或过低而造成空间浪费或给人压抑感。

(2) 带形平面

这种形式跨度较大，为坑道式，设计时应根据功能要求及货柜布置的特点综合考虑，单面货柜的宽度以 6～8 m 为宜，双面货柜以 10～16 m 为宜，长度不限。

(3) 圆形和环形平面

这种形式多用于大型商场(或商业中心)，四周设置商业街，中间为商场，其特点是充分体现商场的功能和作用，管理方便，其周长和跨度视工程水文条件和地质条件而定。

(4) 横盘式平面

这种形式多用于综合型的地下商业街，适应现代商业的发展，能将购物与休息、游乐、社交融合在一起，使地下街成为广大群众的活动中心之一。

6.3.4　地下街横断面和纵断面设计

6.3.4.1　横断面形状设计

(1) 拱形断面

拱形断面是地下工程中最常见的横断面形状，优点是工程结构受力好，起拱高度较低(约 2 m)，拱中空间可充分利用，能充分显示地下空间利用率高的特点，如图 6-1 所示。

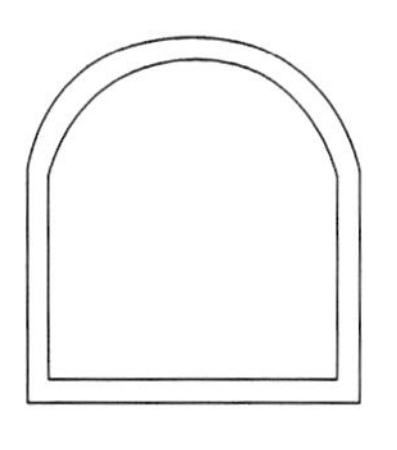

图 6-1　拱形断面

(2) 平顶断面

平顶断面由拱形结构和吊顶组成，也可直接将结构的顶板做成平的，如图 6-2 所示。

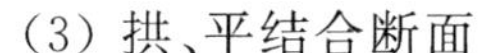

(3) 拱、平结合断面

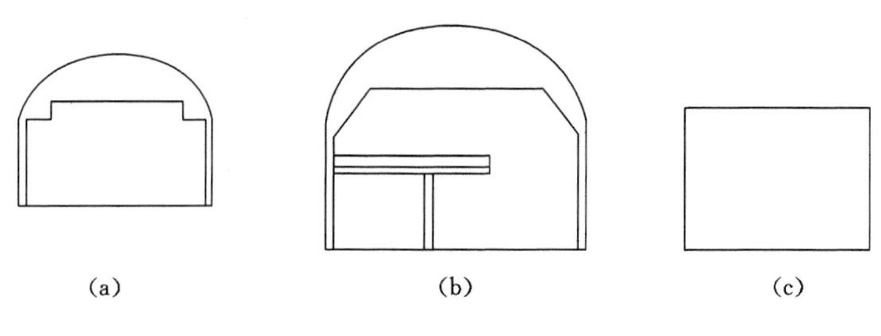

(a) (b) (c)

图 6-2 平顶断面

该种断面是在中央大厅做成拱形断面，在两边做成平顶，如图 6-3 所示。

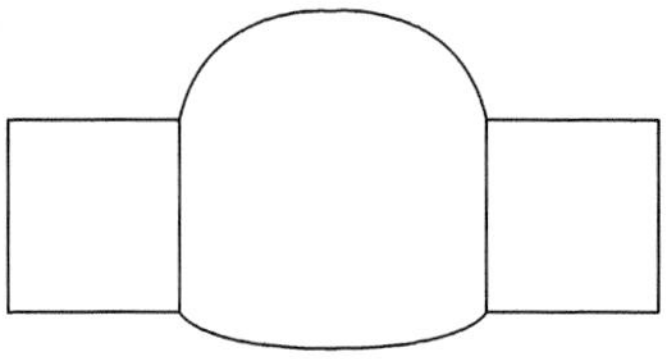

图 6-3 拱、平结合断面

6.3.4.2 横断面尺寸设计

(1) 步行街宽度

步行街宽度为 5～6 m。

(2) 店铺进深

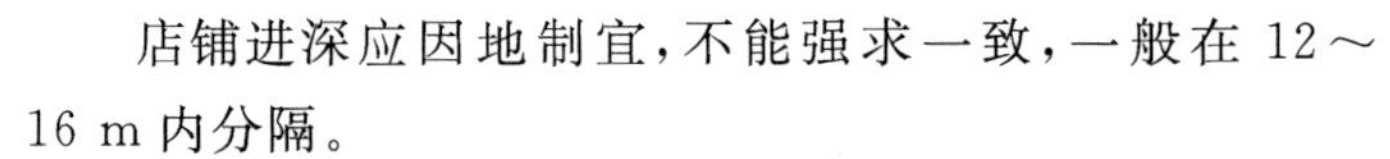

店铺进深应因地制宜，不能强求一致，一般在 12～16 m 内分隔。

(3) 铺面宽度

铺面宽度应根据业主需要进行分隔。

(4) 层高(地坪至吊顶)

层高一般为 2.4～3.0 m，若采用空调，层高可低一些。

6.3.4.3 纵断面设计

地下街道的纵断面一般随地表面起伏而变化，但其最小纵向坡度必须满足排水需要，一般不得小于 3‰。

6.3.5 地下街结构设计

地下街一般埋深都较浅，常采用明挖法施工，其结构形式一般有直墙拱、矩形框架和梁板式结构三种，或者是这三种的组合。对于主要交通干道下的人行过街通道，施工时为了不影响交通的正常运行，也有采用暗挖法施工的。

地下街主要结构形式有直墙拱、矩形框架、梁板式结构。

(1) 直墙拱

直墙拱一般用于由人防工事改建而成的地下街中。墙体部分通常用砖或块石砌筑，拱部视其跨度可采用预制混凝土拱或现浇钢筋混凝土拱。拱顶按照轴线形状又可分为半圆拱、圆弧拱、抛物线拱等。

(2) 矩形框架

采用明挖法施工时，多采用矩形框架，其开挖断面最经济且易施工。由于矩形框架的弯矩较大，故一般采用钢筋混凝土结构。

(3) 梁板式结构

在地下水位较低的地方，采用明挖法施工时可采用梁板式结构。其顶、底板为现浇钢筋混凝土，围墙和隔墙可以为砖砌结构，在地下水位较高或防护等级要求较高的地下街中，一般（除内隔墙外）均做成钢筋混凝土结构，如图 6-4 所示。

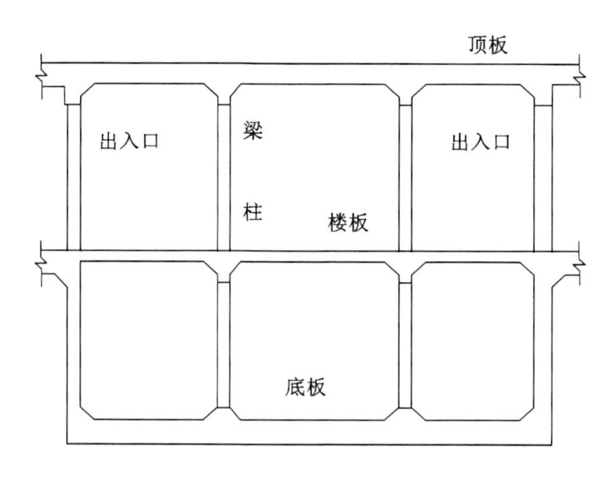

图 6-4　钢筋混凝土结构示意图

6.3.6　地下街环境设计

环境设计主要表现在生理环境和心理环境两个方面。

（1）采暖、通风、去湿

要因地制宜，可采取加热去湿法、机械通风去湿法、利用高低风井自然通风去湿法、采光窗井自然通风去湿法等。对进风道、排风道位置的设计，要考虑不影响商业空间环境的原则。

（2）宽度

街面通道宽度以保持顾客不拥挤为原则，一般为 2～3 m，并在纵向适当距离设置少数花圃、群雕等建筑艺术品。

（3）进出门

主要进出门以缓坡式坡道为宜，尽可能不采用阶梯式。进出口处要设置各种标志灯和商业街平面图，并标明所在位置。

（4）照明

商业街的照明要因地制宜，如一般走道可选用 50～100 lx 的筒形灯；商场内的照明度要求较高，可根据空间大小和陈列的商品种类选定，但不宜大于 500 lx。

（5）声环境

地下空间声环境设计应注意吸声材料选择和构造布置。要求吸声材料或构造，在潮湿条件下吸声性能无较大改变，耐久、防水、不霉、不蛀。最好选用吸声频率特性良好且又适用于地下环境的材料，如高档的微孔铝板等。

（6）防火、防烟、防爆

建筑布置中应按防火、防烟、防爆要求分区布置消防设施，并布置安全出口。安全出口应均匀布置，其数量、宽度和分布应以保证顾客和工作人员能在较短时间内有秩序安全撤离为原则。消防措施可采用湿式喷淋和消火栓系统，应根据防火分区设置防火卷帘门和自然排烟孔。

6.3.7 地下街设计案例分析

（1）概况

上海市结合地铁一号线的建设，在人民广场建成大型的地下综合体。综合体由地铁一号线人民广场站、香港名店街以及迪美购物中心组成。地铁一号线在人民广场站可换乘二号线、八号线，是上海城市中心区最大的轨道交通换乘枢纽，迪美购物中心则连接武胜路地面公交枢纽，香港名店街以地下街的形式连接轨道交通换乘枢纽与地面公交枢纽（图 6-5），在城市交通系统中具有非常重要的作用。

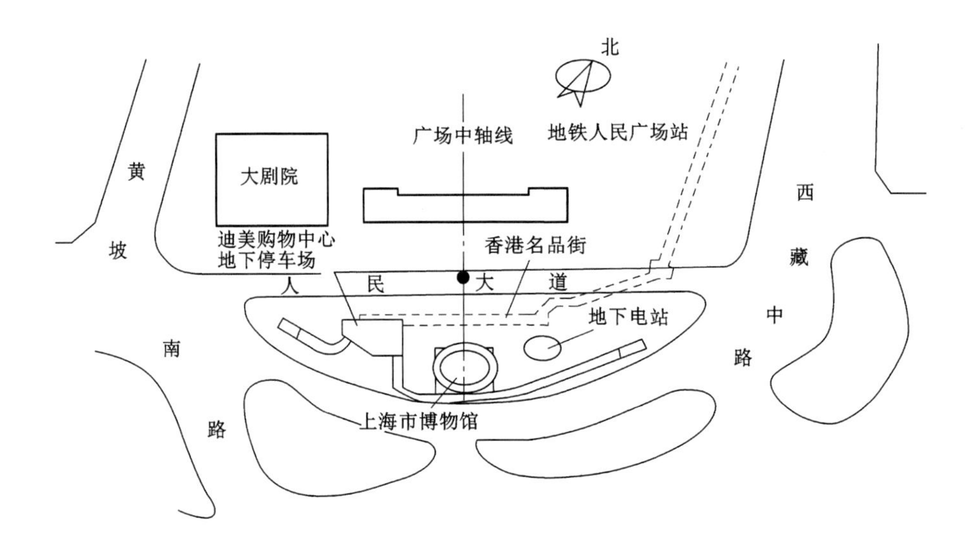

图 6-5 人民广场地下街总平面图

（2）结构设计

香港名店街长 360 m，宽 36 m，总建筑面积 1 万 m^2，工程埋深 7.6 m，顶板覆土 2 m，是平战结合的大型人防工程，平时以交通、商业功能为主，战时为物资库及人员掩蔽场所。

根据地面规划覆土要求，最大限度地降低围护结构的造价，吊顶下净高控制在 2.8 m。建筑布局采用了(6＋6＋6＋6＋6＋6) m×8 m 的柱网模式，柱网中 6 m 宽方向是地下街的主要通道，和 2.8 m 的净高完全协调，因考虑地下街的商业经营主要为小规模的店铺，所以为便于平时的商业运营，采用了 8 m 宽的柱网。

（3）环境设计

按人民广场地面规划和绿化设计的要求，不允许地下建筑有高出地面的出入口，同时在广场中轴线两侧 75 m 范围内不允许有高出地面的竖井和疏散出入口。为吸引人流到地下街，主要出入口采用了 18 m×48 m 的下沉广场式出入口，在其底板中央种植了高6.5 m 的香椿树。实践证明，下沉广场不仅是地下街的一个标志性入口，而且是防灾疏散的要地,同时也是地下街内新鲜空气的进口,可显著提高地下街内部空气质量。

按照相关规范,360 m 的地下街需要设置 7 个防火排烟分区,而每个防火排烟分区一般均有独立的排烟竖井和进风竖井,并应有 1~2 个独立的疏散楼梯,这样势必影响地下街的整体性。为此,结合 7 个防火分区,布置了 5 个中庭式防灾广场,取消各防火分区内的通风机房,全部采用小机组分散布置到吊顶内,从而使所有的店铺能连续排列而不会被机房隔断。同时,变电站、冷冻机房布置在地下街的端头位置,使之相对集中,极大增强了地下街的整体性,如图 6-6 所示。

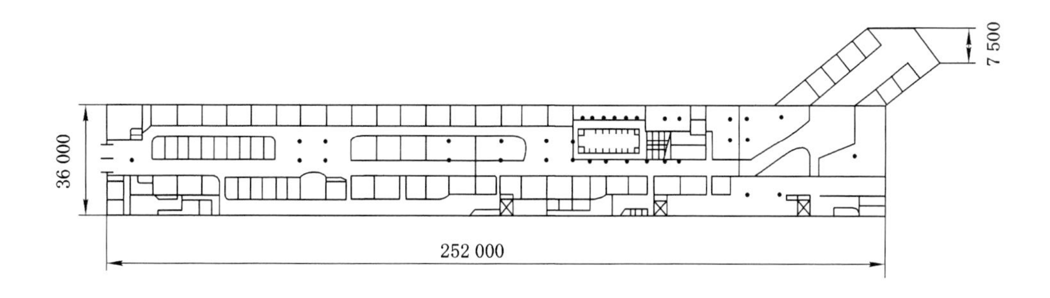

图 6-6 人民广场地下街平面图

火灾是地下街中发生频率最高的灾害之一,所以地下街的防灾设计主要考虑火灾。香港名店街的防火等级为一级,所有装饰材料均为非燃性材料,同时还构建了完善的防火体系。

地下街由单个面积不超过 1 000 m^2 的 7 个防火单元组成,每个防火单元又由单个面积不超过 400 m^2 的防烟单元组成。防烟单元间用防烟垂壁隔开,并有两个直通室外的出口。由于广场地面规划的要求,有 3 个地处广场中心的防火单元不能开启直通地面的出口。为此,在以上 3 个防火单元内辟出了宽 5 m 的旁路通道,在该通道内设置消防报警和水喷淋装置,并且不允许堆放任何物品,通道与 3 个防火单元的接口处设有正压送风的防烟前室和两道甲级防火门,且在其端头还设有一个 2.5 m 宽的疏散楼梯。当上述 3 个防火单元中的任意一个发生火灾时,该单元内的人员可迅速疏散至旁路通道内,并能尽快通过该通道端头的疏散楼梯到达地面。

6.4 地下停车场设计

6.4.1 城市停车场现状和解决途径

6.4.1.1 城市停车场存在的问题

目前停车设施主要包括居住小区和大中型公共建筑配建停车场、路外公共停车场、路边画线停车位等。

配建停车场包括居住小区配建停车场和大型公共建筑配建停车场。目前我国大多数城市都是通过道路画线和楼前画线提供;停车产业化步伐缓慢制约了公共车位的扩增,公共社会停车场数量十分有限，导致机动车停车仍然以占路（地）停放为主，地下的社会停车设施严重缺乏，与城市发展目标和定位极不协调。

2020年3月20日北京市组织制定了《公共建筑机动车停车配建指标》地方标准。根据标准要求，公共建筑机动车停车配建指标划分为四类地区：一类地区为二环路以内的老城地区；二类地区为二环路至三环路之间；三类地区为三环路至五环路之间，五环以外的中心城及新城集中建设区；四类地区为五环路以外除中心城及新城集中建设区的其他地区。在公共建筑停车位的配建中，医院和学校的指标要高于行政办公机构。党政机关、社会团体、行使行政职能的事业单位等办公机构及其相关设施的停车位配建指标为：一类地区，按照建筑面积计算，每100 m^2的停车位配置指标为0.45个，二类地区为0.45～0.60个，三类地区为0.65～0.85个，四类地区为0.65～0.90个。酒店和宾馆的停车位则是按照客房数量配建，例如，一类地区每间客房上限为0.30个车位，四类地区为0.40～0.60个。对于大型超市和仓储式超市，一类地区每100 m^2的停车位配置指标上限为0.60个，四类地区可放宽至1.30～1.80个。

有限的地下停车设施中，一些大型建筑配建的地下停车设施改为他用，未得到有效利用；停车收费标准的制定也缺乏科学性，致使地下停车设施缺乏吸引力，大量的占路（地）停车不仅对地面交通造成严重影响，而且使得为数不多的地下停车资源遭到严重浪费；停车设施也缺乏统一规划建设，致使公共停车场布局不合理，地上地下不协调；停车管理体制不合理，也导致停车设施的使用不当。

随着城市汽车保有量的不断增加，如果不采取有效的措施加以解决，停车问题将更加突出。若不引起重视，尤其是市中心地区的停车问题如不能得到妥善处理，将会产生如国外大城市所表现出的趋势：商业区吸引力下降→居民外迁→土地减值→经济活力降低→城市衰落。因此，采取有力措施解决城市的停车问题是非常必要且刻不容缓的。

6.4.1.2 解决途径

国外大城市停车问题的解决经历了几个阶段：最初是路边停车，然后是开辟露天停车场，20世纪60至70年代，曾大量建造多层停车库；后来由于土地价格涨高而停车库的经济效益较低，又进一步发展了机械式多层停车库，以减少车库建筑的占地面积。与此同时，利用地下空间解决停车问题逐渐受到重视。地下的公共停车库有了很大发展，在有些大城市逐渐成为主要的停车方式。日本到2016年，全国有公共停车库447座，其中地下停车库占40%；地下停车所占比重较高。法国、德国、瑞典等国的地下公共停车库也有较大的规模。

从我国的情况来看，地面上的停车库很少，地下更少，目前仅有少量地下停车库附建于高层旅馆和办公建筑中，与需求量相差很远。根据我国城市的现状和发展前景，没有条件也没有必要大量建造多层停车库，因此可跨越多层停车库直接进入发展地下停车库阶段。当地下停车设施发展到相当大的规模，与地下和地面上的动态交通系统建立了有机联系，已成为城市停车设施系统的主体部分时，可以形成一个完整的地下停车设施系统。

地下停车库的主要特点是容量大，基本上不占用城市土地。例如，美国20世纪50年代在芝加哥和洛杉矶等城市中心区建造的地下公共停车库，容量都在2 000台以上，在地面上建这样大规模的停车库几乎是不可能的。日本的地下停车库容量为200～400台的较多，布置灵活，使用方便，营业时间内的充满度也较高。

地下停车库的位置选择比较灵活，比较容易满足停车需求量大地区的位置要求。从停车位置到达出行目的地的适当距离为300～700 m，最好不超过500 m。这样的距离要求在建筑密度很高、土地十分昂贵的市中心区，在地面上建设多层停车库相当困难，更不可能布置露天停车场。另外，大规模的地下停车设施作为城市立体化再开发的内容之一，使城市能在有限的土地上获得更多的环境容量，可以留出更多的开敞空间用于绿化和美化，有利于提高城市环境质量。

在寒冷地区，地下停车可以节省能源，对于我国半数以上地区冬季需要供热的情况具有现实意义。此外，地下空间在防护上具有优越性，使一些国家把大容量的地下停车库与民防设施结合起来。

地下停车也有其局限性，主要在于造价高和工期长。一方面，随着科学技术的进步，这些局限性可逐步得到克服；另一方面，在土地价格十分昂贵的条件下，如果能充分发挥地下停车设施的综合效益，例如同时建设一部分地下商业设施，完全可能比在地面上建多层停车库具有更大的优势。

6.4.2 地下停车场形式与规划

6.4.2.1 地下停车场的分类

(1) 单建式和附建式地下停车库

高层的住宅楼一般都有地下室，但柱网和结构布置不能满足停车的需要。某些高层住宅楼的地下室，把整体装配式蜂房状结构作为建筑物的基础，在中间一条纵向廊道中布置管道和电缆，两侧为两排横向圆洞，每洞可停放一辆汽车。在基础的两侧，塔楼上预制的钢筋混凝土拱片，形成两条单建式停车库，加上附建的部分，便成为一个单建与附建综合的地下停车场，如图6-7所示。

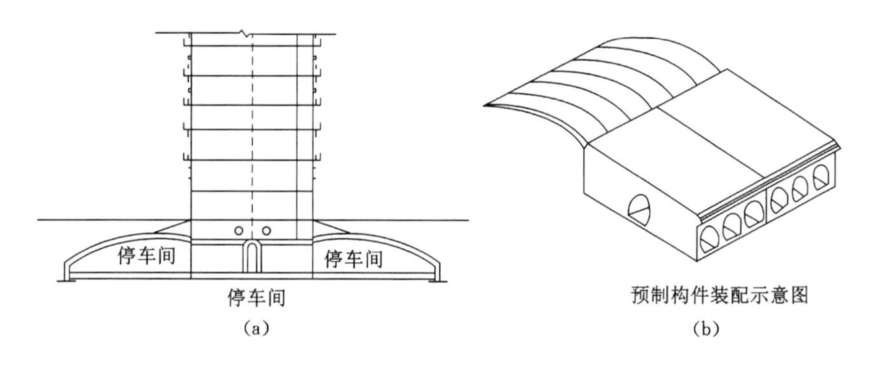

图6-7 附建在高层住宅楼的装配式地下停车库

(2) 公共停车场和专用停车场

城市建设规划在考虑地下停车场的设置时，应根据实际的需要和可能，满足公共停车场具有一定的容量、保持适当的充满度和较高的周转率、车辆进出和停车方便、尽可能提高单位面积利用率等原则，以保证公共停车场能够发挥较高的社会效益和经济效益。专用停车库以停放载重车为主，同时还包括一些其他特殊用途的车辆，如消防车、救护车等。

（3）坡道式地下停车场和机械式地下停车场

坡道式与机械式地下停车场相比，各自的优缺点如表 6-2 所示。

表 6-2　坡道式和机械式地下停车场的优缺点

	坡道式地下停车场	机械式地下停车场
优点	1. 造价低，运行成本低； 2. 可以保证必要的进出车速度，且不受机电设备运行状态影响（平均进出 68 s/辆）	1. 车场内面积利用率高； 2. 通风消防容易，安全； 3. 人员少，管理方便
缺点	用于交通运输使用的面积占整个车场面积的比例较大（接近 0.9∶1），通风量较大，管理人员较多	一次性投资大，运营费用高；进出车速度慢，时间长（>90 s/辆）

（1）坡道式地下停车场

坡道式地下停车场有直线式和曲线式两种，如图 6-8 所示，其特点及适用情况如表 6-3 所示。

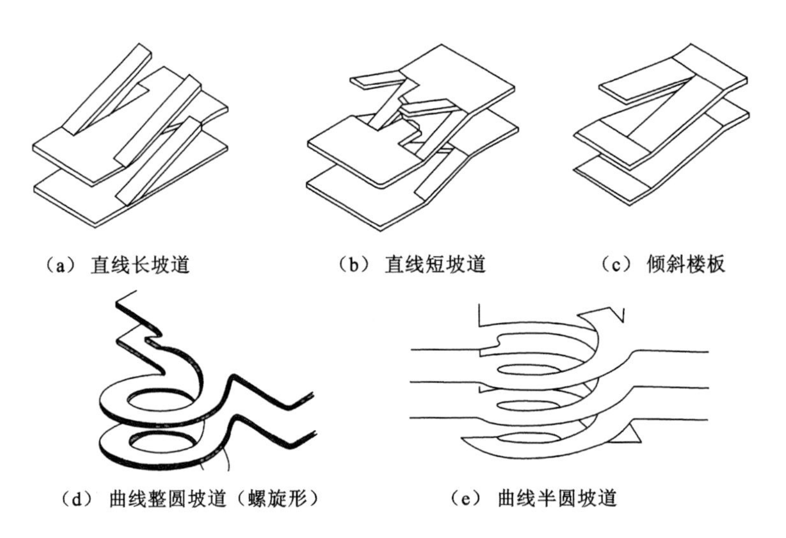

（a）直线长坡道　（b）直线短坡道　（c）倾斜楼板

（d）曲线整圆坡道（螺旋形）　（e）曲线半圆坡道

图 6-8　坡道式地下停车场坡道形式

表 6-3　坡道式地下停车场特点及适用情况

类型		特点	适用情况
直线式	直线长坡道	进出方便，结构简单	很常用
	直线短坡道	对于单层或二、三层地下停车场，不能充分发挥这种坡道的优点，反而使结构复杂化	层数较多的倾斜楼板错层式停车间布置
	倾斜楼板	可以代替坡道线缩短坡道的长度	一般不适用于地下停车场，但在地形倾斜或场地狭窄时可以考虑

表 6-3(续)

类型		特点	适用情况
曲线式	曲线整圆坡道（螺旋形）	比较节省面积	多层地下停车场中常用，但载重车等大型车辆不适用
	曲线半圆坡道		

(2) 机械式地下停车场

机械式地下停车场与坡道式地下停车场的各项指标相比较，在占地面积、每辆车平均需要面积、建筑体积、通风量和照明用电量等方面均有较大程度的节省，如表 6-4 所示。图 6-9 为瑞士发明的全机械式停车场运行示意图。

表 6-4　坡道式地下停车场与机械式地下停车场有关指标的比较

停车场型式	占地面积/m^2	每辆车平均需要面积/m^2	建筑体积/m^3	通风量和照明用电量/kW
坡道式停车场	100	100	100	100
机械式停车场	27	50～70	42	17

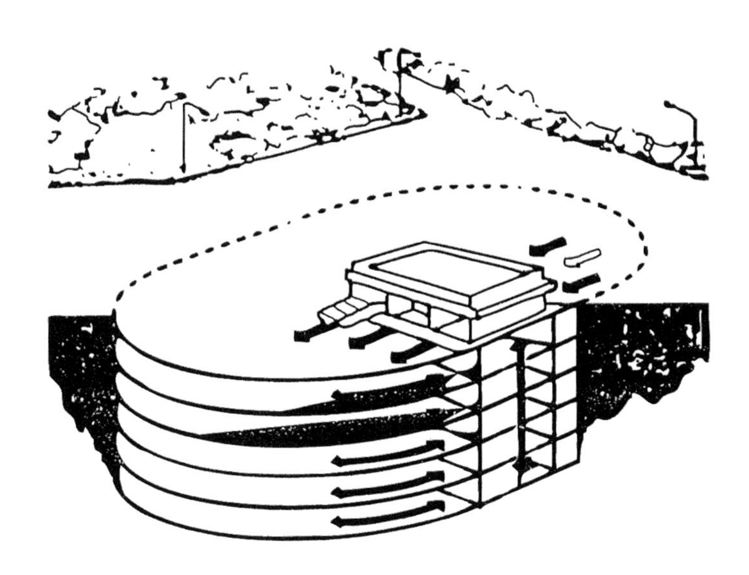

图 6-9　全机械式停车场运行示意图

6.4.2.2　地下停车场选址

地下停车场的选址：

① 地下停车场的规划设计应在城市建设和人防工程总体规划的指导下进行，宜选在水文、工程地质条件较好和道路畅通的位置。

② 多层停车场进出车辆频繁，是消防重点部门之一，具有一定噪声，须按现行防火规范与其周围建筑保持一定的消防距离和卫生间距，尤其不宜靠近医院、学校、住宅，表 6-5、表 6-6 分别为地下停车场与其他建筑物的防火间距和卫生间距。

表 6-5　地下停车场与其他建筑物的防火间距

防火距离/m 建筑物名称和防火等级 汽车库名称和耐火等级		停车库、修车库、厂房、库房、民用建筑		
		一、二级	三级	四级
停车库	一、二级	10	12	14
修车库	三级	12	14	16
停车场		6	8	10

表 6-6　地下停车场与其他建筑物的卫生间距　单位:m

建筑物类别	Ⅰ～Ⅱ	Ⅲ	Ⅳ	建筑物类别	Ⅰ～Ⅱ	Ⅲ	Ⅳ
医疗机构	250	50～100	25	住宅	50	25	15
学校、幼儿托儿所	100	50	25	其他民用建筑	20	15～20	10～15

注:附建式车库及设在单位大院内的停车场除外。

③ 寒冷地区停车场门应避免朝北或正对冬季主导风向,并且门口应有足够的露天场地以停车、调车、洗车等。

④ 地下停车场应平时和战时均能使用,地下停车场位置选择应与人防工程结合,在设计上应考虑设 2 个出入口。但存放量少于 25 辆的停车场可设 1 个出入口。

⑤ 地下停车场的占地面积、人车疏散出入口的数量和位置、为车库服务的其他用房及设施的位置和消防给水等的确定应符合《汽车库、修车库、停车场设计防火规范》(GB 50067—2014)。

6.4.2.3　地下停车场的具体建筑技术要求

地下停车场的具体建筑技术要求包括:

① 使用面积:一般设计停放小客车的地下停车场,平均每辆车需面积 20～40 m^2,停放载重车的平均每辆车需面积 40～70 m^2。

② 停车库楼板面层应耐磨、耐火、耐油和防滑,主要有水泥砂浆面层、水刷石面层、混凝土面层、地砧面层和沥青面层。

③ 地下停车场一般不考虑采暖,必须采暖时应尽量采用集中采暖或火墙,但其炉门、节风门、除灰门严禁设在停车场内。

④ 地下停车场换气量以一氧化碳量作为计算依据,通风系统应独立设置,风管应采用非燃性材料。

⑤ 除一般照明外,还应设事故照明和疏散标志。

6.4.2.4　地下停车场的综合规划

在城市中车辆较少的时期,停车设施的布置基本上处于自发状态,停车问题还没有纳入城市规划。20 世纪 60 年代以后,由于车辆迅速增多,城市静态交通矛盾日益尖锐,迫使一些发达国家开始重视并研究这个问题,在停车设施与城市结构和动态交通系统的关系、规划要求和布局规律等方面有了新的认识。在发达国家大城市中,私家小汽车在机动车总量中所占比例最大，停车要求也比较复杂，因此小汽车的社会停车问题，即公共停车场的布局问题，成为主要的研究内容。

城市动态交通的路网结构往往成为一个城市结构的骨架。城市结构可以概括为多种类型，一些历史较久的大城市多数为团状结构，以旧城的网格状道路系统为中心，通过放射形道路向四周呈环状发展，再以环状路网将放射形道路连接起来。如图 6-10 所示团状城市结构使每天从城郊流向市中心区的交通量很大，上下班职工常超过百万人，小汽车也以十万辆计，再加上购物和其他业务活动的交通量，使停车的需求量集中在中心区内，如图 6-11(a)所示。

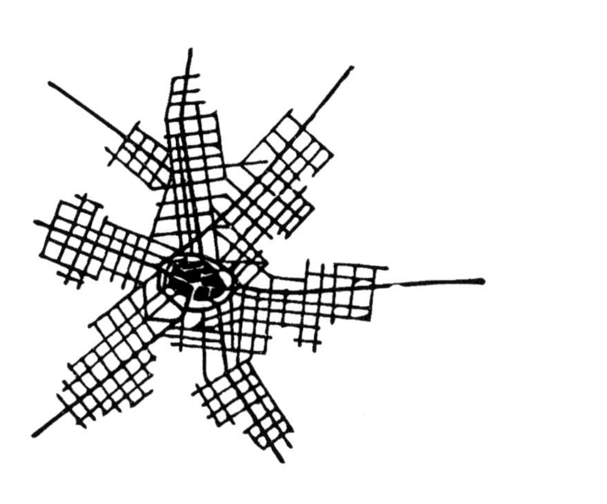

图 6-10　团状城市结构的道路系统

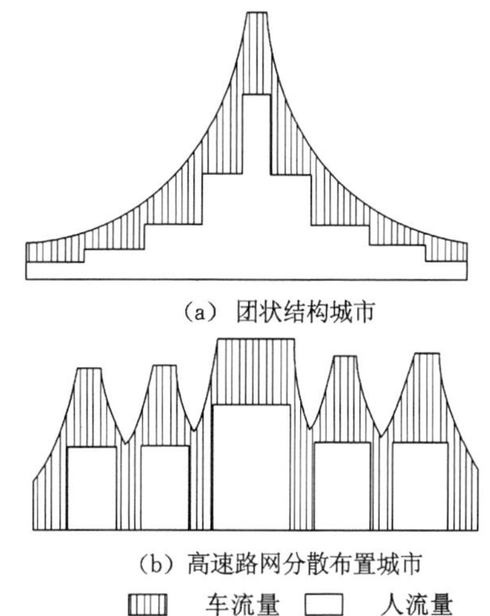

图 6-11　城市中心地区的停车需求量优化前后比较

在第二次世界大战以前和战后初期，城市停车基本上以路边停放为主，使中心区的交通状况日益恶化。为此，欧洲、美国、日本的许多大城市，在 20 世纪 50 至 60 年代期间都进行了以改善城市交通为重点的大规模城市改造，进行了高速道路网建设和与之相联系的普通道路网改建，同时与道路系统相配合布置了停车设施系统，使城市交通面貌有了较大的改观。在力求保持中心区繁荣的前提下，减少车辆进入中心区的数量，将城市停车需求量较均匀地分散到中心区周围[图 6-11(b)]；有的还使部分中心区步行化。采取的主要措施就是在中心区外围修建一条环状高速道路，在环路内侧布置若干停车场，使多数车辆停放在中心区周围。图 6-12 是城市中心地区周围的高速道路与停车设施布置，除保留原有一些重要建筑物外，整个中心区进行了根本性的改造，在环路以内完全实现步行化。此外像美国的费城、德国的斯图加特等城市中心区，都进行了类似再开发，取得很好的效果。

停车系统必须进行综合规划，与城市再开发相结合，与动态交通的改造相结合。对停车需求量的预测很难，尽管已经有多种预测方法，但其准确性和可信度都较差。同时，即使按理论上的需求量进行规划设计，其实际效果也会有很大差异。从目前情况来看，我国一方面停车需求非常迫切，另一方面又存在已建地下停车场充满度不足和人们不愿使用

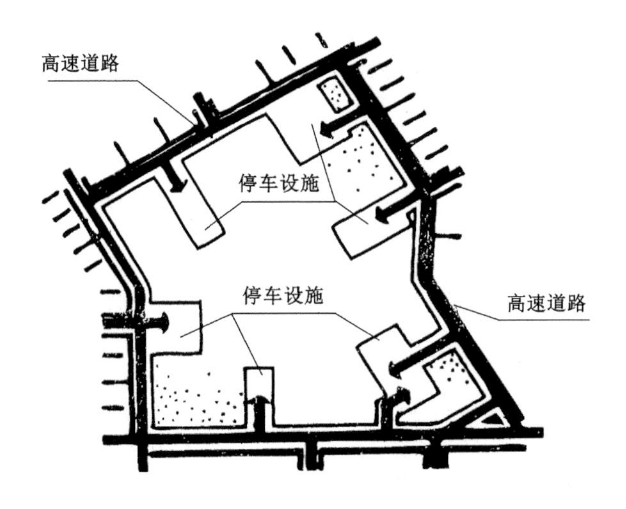

图 6-12 城市中心地区周围的高速道路与停车设施布置

的现象。虽有多种原因,但选址最关键,处理好车库出入口与周围道路的关系也很重要。一般建在居住区的地下车库使用效果较好,即使车位价格很高也能售出;公共使用的社会停车库则存在较多问题,值得认真研究解决。

6.4.3 地下停车场平面布置设计

6.4.3.1 平面布置原则

公共地下停车场的使用面积按每辆车 20～40 m² 估算,辅助设备的面积可按停车位的 10%～25%估算。坡道面积在总建筑面积中的比例,视车库的容量而定,如表 6-7 所示。停车位在总建筑面积中所占的比例应达到一个定值,专用车库宜占 65%～75%,公共地下停车场宜占 75%～85%。表 6-7 中相关年数见图 6-13。

表 6-7 地下停车场每辆车所需占地面积表

车型	标准车型尺寸/m			停放方式	车位尺寸/m				安全距离/m			
	a	h	h		A	B	H	C	D	E	F	G
小客车	4.90	1.80	1.60	单间停放	6.10	2.80	3.00	0.70	0.50	0.60	0.40	
				开敞停放	5.30	2.30	2.00	0	0.50	0.50	0	0.30

6.4.3.2 车型因素

一般来说,小汽车是停车场的主要服务对象,所以一般都选择几种较典型的小汽车作为停车场的标准车型,如表 6-8 所示。

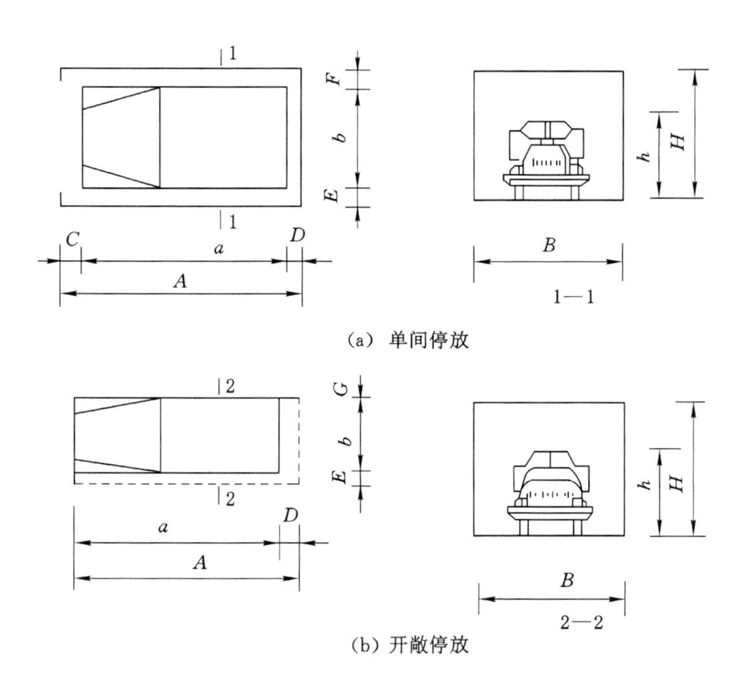

(a) 单间停放

(b) 开敞停放

图 6-13　每辆车所需占用的空间和平面尺寸

表 6-8　小轿车每车位占用通道及停车段宽度　　单位:m

国家	每车位占用通道长度 C			每车位占用停车段宽度 D		
	45°	60°	90°	45°	60°	90°
中国	3.96	3.23	2.80	6.29	6.69	6.10
美国	3.87	3.17	2.75	6.04	6.41	5.80
英国	3.46	2.82	2.44	5.19	5.45	4.88
德国	3.55	2.90	2.50	5.30	5.60	5.00
日本	3.89	3.15	2.75	6.10	6.40	6.10
俄罗斯	3.25	2.65	2.30	4.57	5.96	5.30

注:D 为单排每车位占停车段的宽度。

在小汽车的标准车型中,以大型和中型车为主,因为大型车的尺寸满足相当一部分旅行车和工具车的需要。载重车则以载重量 2～5 t 的车型为主。大型客车(如公共汽车)和载重量超过 5 t 的载重车,则不适宜停放在地下停车库和地面多层的车库中。表 6-9 为国内停车库标准车型参考尺寸。

表 6-9　国内停车库标准车型参考尺寸　　单位:m

车型		全长	全宽	全高	车型		全长	全宽	全高
小汽车	大型	6.0	2.0	2.0	载重车	5 t	7.0	2.5	2.5
	中型	4.9	1.8	1.8		2 t	4.9	2.0	2.2

6.4.3.3 车位尺寸

图 6-13 所示为每辆车所占用的空间和平面尺寸,尺寸包括车型尺寸和有关安全距离,如表 6-10 所示。

表 6-10 确定车位尺寸的有关安全距离 单位:m

车型	停放条件	车头距前墙(或门)	车尾距后墙	车身(有司机一侧)距侧墙或邻车	车身(无司机一侧)距侧墙或邻车	车身距柱边
小汽车	单间停放	0.7	0.5	0.6	0.4	0.3
	开敞停放		0.5	0.5	0.3	
载重车	单间停放	0.7	0.5	0.8	0.4	0.3
	开敞停放		0.5	0.7	0.3	

6.4.3.4 出入方式

车辆停驶方式是指车辆进出车位的方式,如图 6-14(a)所示。

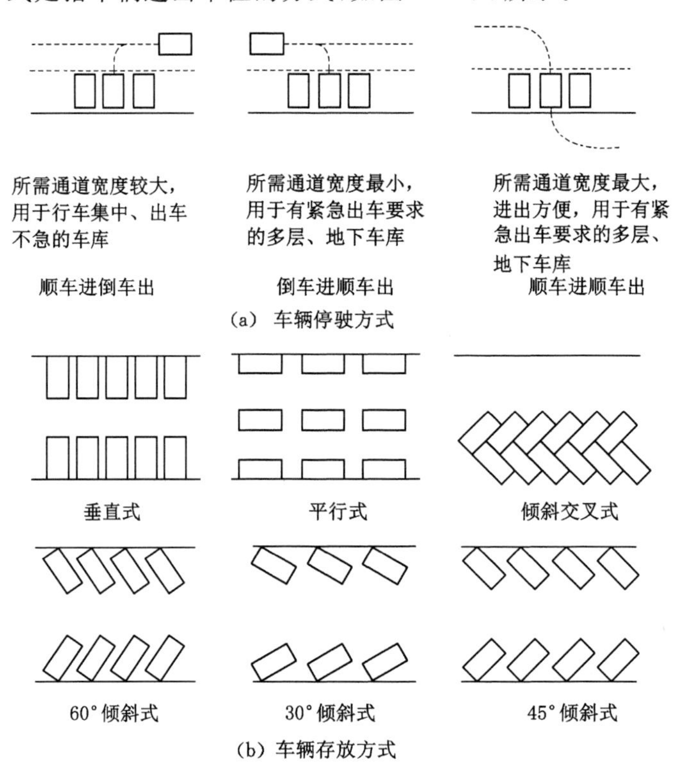

图 6-14 车辆停驶方式和存放方式

车辆在停车间内的存放方式,对停车的方便程度和每辆车所占用的停车间面积等有一定的影响。图 6-14 列举了几种常用的存放方式。存放角度与单车停车占用面积成反比,但与车辆进出方便程度成正比。表 6-11 是根据我国情况计算出的不同停车角度所需停车面积。目前国内外停车场较普遍采用倒进顺出的90°直角停车方式。

表 6-11　停放方式比较

存车角度	停放方式	优点	缺点
0°	倒进顺出	所需停车带窄，设置适当的通行带后车辆出入方便	每车位停车面积大
45°	倒进顺出	场地的形状适应性强，出入方便	每车位占地面积较大
90°	倒进顺出	停车紧凑，出入方便	所需停车带宽度大，出入所需通道宽度也大

6.4.4　出入口布置

出入口的数量和位置应满足《人民防空工程设计防火规范》(GB 50098—2009)、《汽车库、修车库、停车场设计防火规范》(GB 50067—2014)和《城市道路工程设计规范》(CJJ 37—2012)(2016年版)等规范的有关要求。出入口具体布置与要求如下：

① 地下停车库车辆出入口的数量和位置一般与通向地面的坡道是一致的。

② 车辆出入口不宜设在消防栓街道安全岛的附近，以及其他禁止停车地段和地势低洼地段，出入口也不宜朝向道路的交叉点上。

③ 小型的地下停车库可以不另设人员出入口。

④ 不论车库大小，至少应有一个在紧急情况下供人员使用的安全出口。

⑤ 对于消防车专用地下车库应设人员紧急入口，可采用滑梯、滑杆等形式。

6.4.5　地下车库的结构形式

土中的浅埋车库一般采用矩形框架。在岩层中建设的地下停车场，或者采用暗挖法施工的土中深埋车库，根据其受力条件，其结构形式以单跨拱形为主，洞室之间的距离较长，停车间洞室的布置可能比较分散。

柱网尺寸主要受停车技术要求和结构设计要求的影响。一般以停放一辆车需要的平均建筑面积作为衡量柱网是否合理的综合指标，并同时满足表6-12中所列基本要求。

表 6-12　柱网尺寸的基本要求

序号	基本要求
1	适应一定车型的存放方式、停驶方式和行车通道布置的各种技术要求，具有一定的灵活性
2	保证足够的安全距离，使车辆行驶通畅，避免碰撞和遮挡
3	尽可能减少停车位所需面积以外不能充分利用的面积
4	结构合理、经济、施工简便
5	尽可能减少柱网种类，统一柱网尺寸，并保持与其他部分柱网的协调一致

6.5 案例分析

6.5.1 某商业小区三期综合体项目

某商业小区三期综合体项目(图 6-15 至图 6-22),基地北面和西面紧邻小渡船大桥和大桥路,交通便利;东北面面向开阔的江滩公园,基地的南面是城市规划道路和该小区一期综合体建筑本幢综合体的功能组合是 1 栋 17 层的酒店和 1 栋 19 层的公寓,裙房 1～5 层包括商业、餐饮、电影城、电玩以及会议中心等,地下一层为超市和电气设备房及锅炉房等,地下二层为小汽车停车库、超市制冷机房及污水处理间等。其中地上建筑面积 75 256.8 m^2,地下室建筑面积 26 607.6 m^2。综合体建筑为不同人群提供了多个入口,其东侧有一个人流集散广场。

图 6-15　某小区总体鸟瞰图

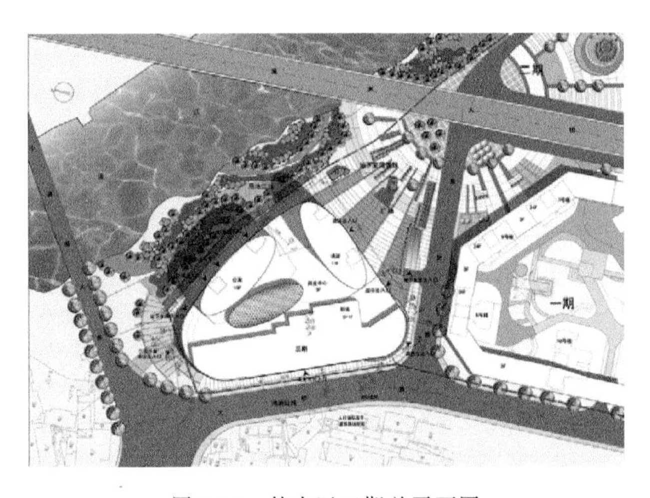

图 6-16　某小区三期总平面图

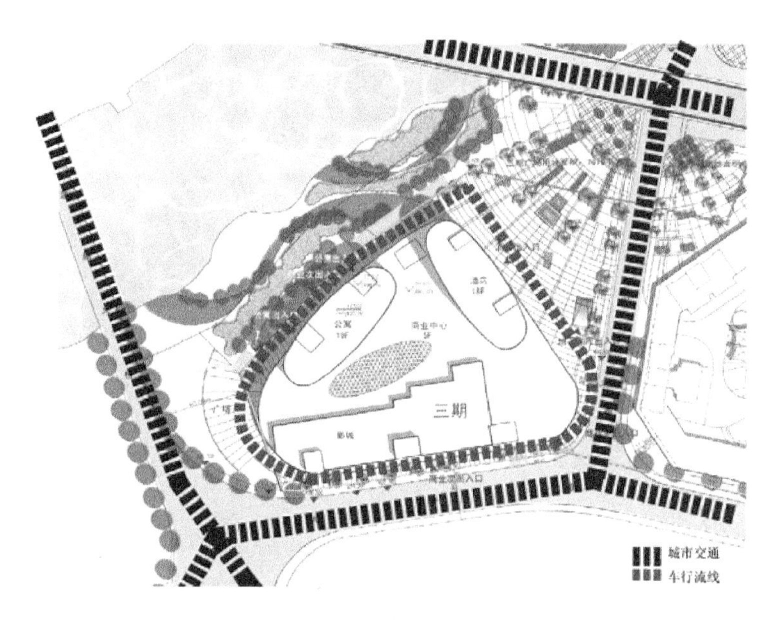

图 6-17 车行流线分析

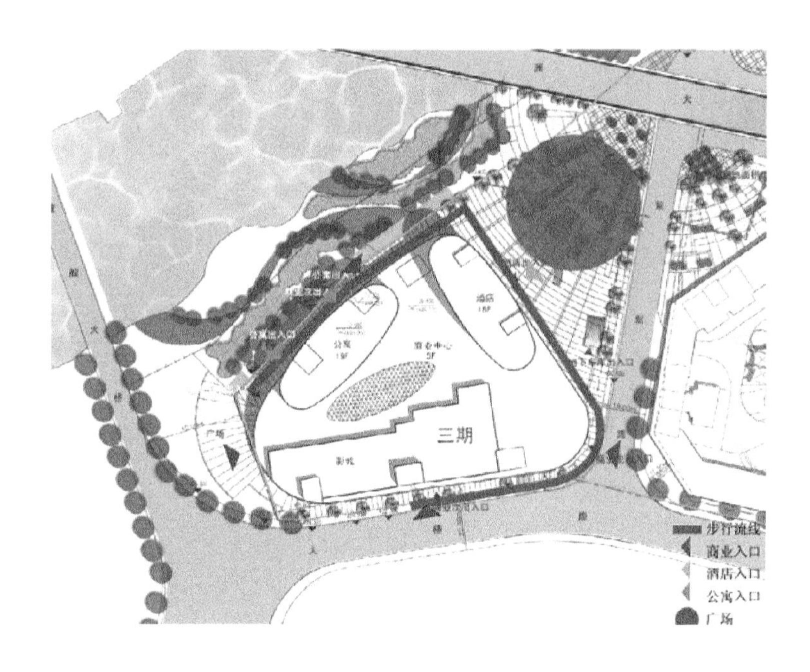

图 6-18 人行流线分析

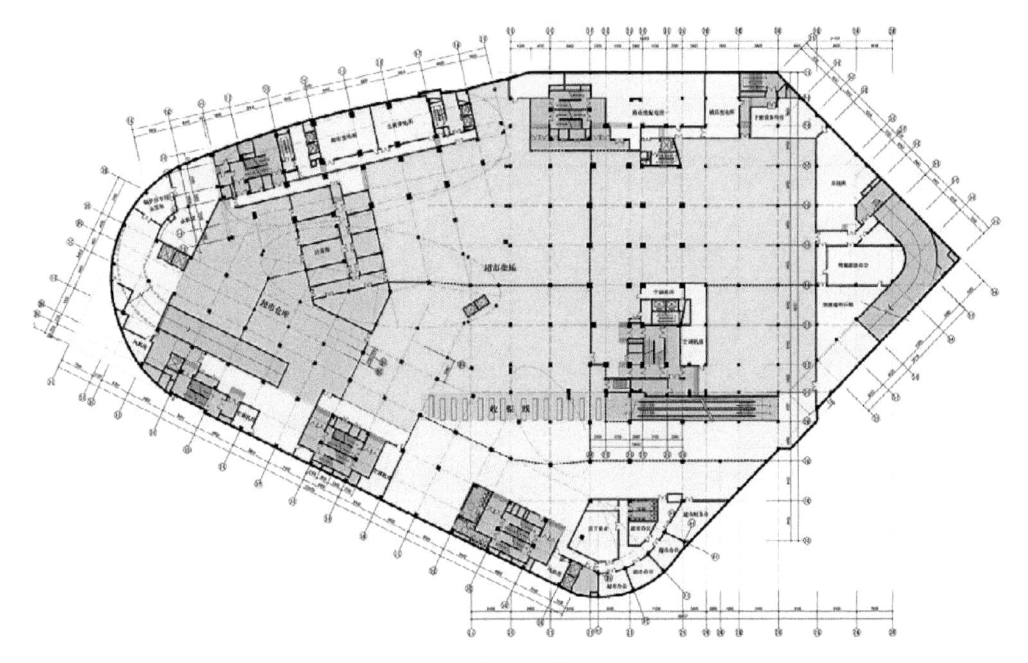

图 6-19　某小区三期综合体地下一层平面图

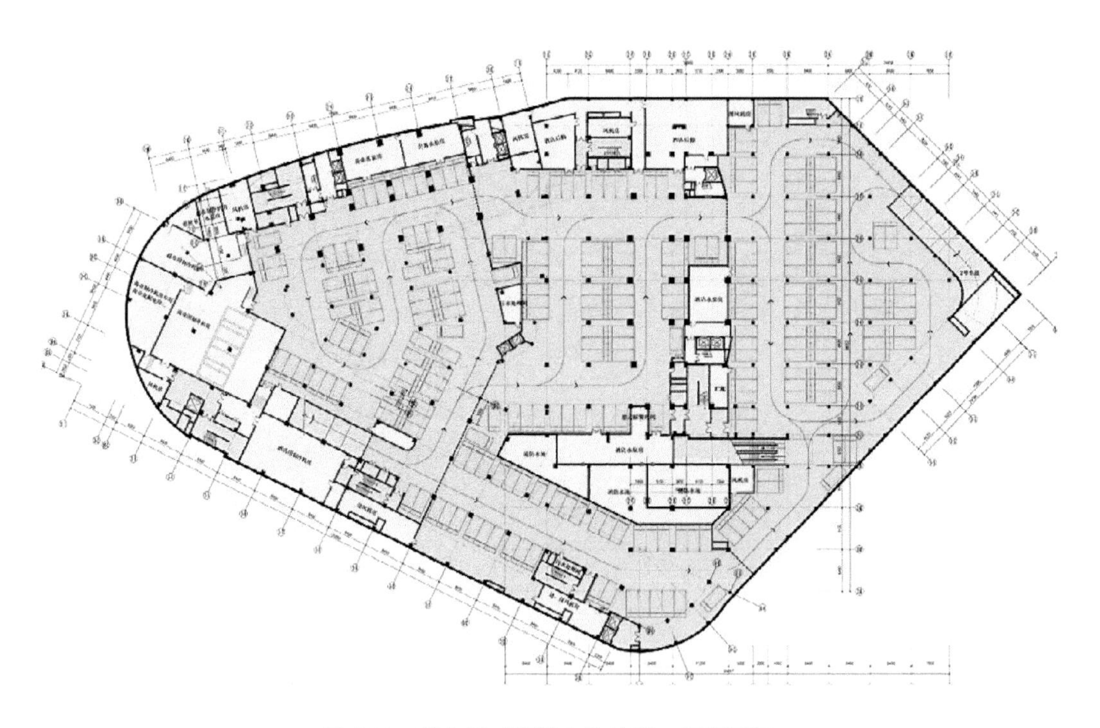

图 6-20　某小区三期综合体地下二层平面图

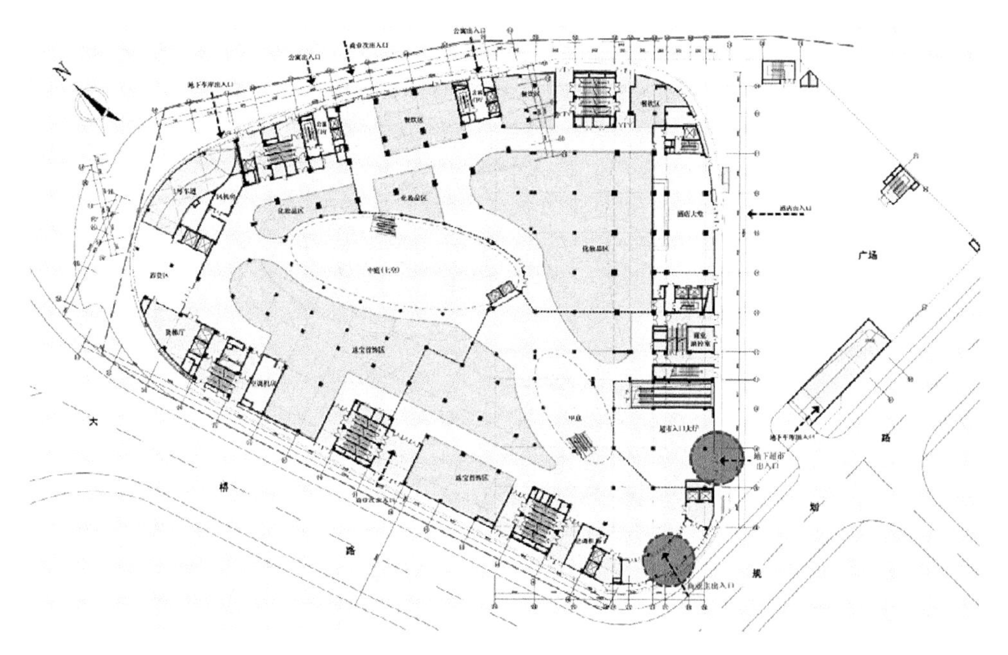

图 6-21 某小区三期综合体地上一层平面图

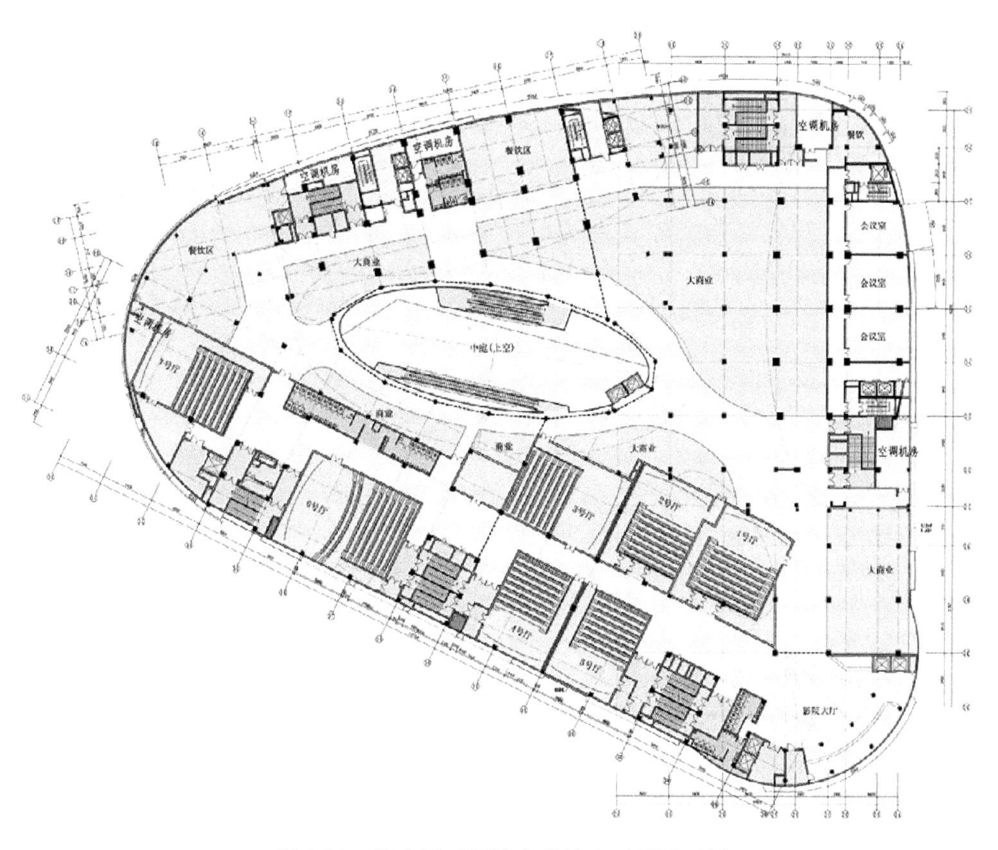

图 6-22 某小区三期综合体地上五层平面图

6.5.2 某住宅小区规划项目

某住宅小区总平面布局可分为四个部分，东部用地主要由北侧的一栋 3# 住宅楼及南侧规则的片状绿地组成，南部由 1# 及 2# 商住楼组成，西部由 4# 及 5# 住宅楼组成，中部为小区现有的六层住宅楼部分。结合建筑和现有城市道路及小区内部路网，合理布置小区的车行及人行出入口、道路，对建筑进行适当调整，使建筑布置合理，通风及采光良好，同时保证了小区具有足够的绿化面积，如图 6-23 所示。

(a) 模型图

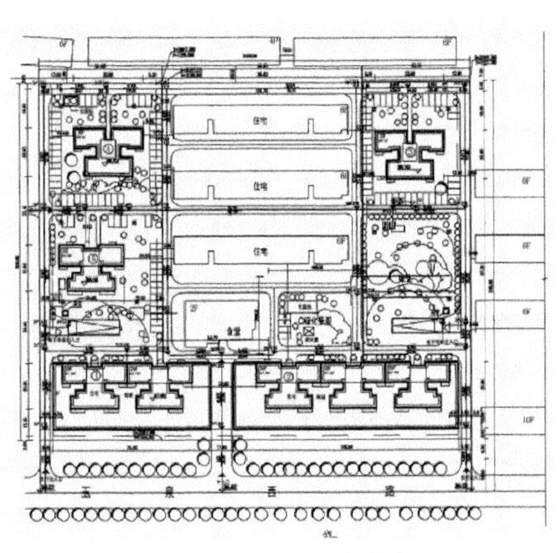

(b) 平面图

图 6-23 某住宅小区模型图及平面图

图 6-24 为该小区道路交通分析图，地下车库的两个出入口布置于小区适中位置。保证车流和人流快速疏散。地面停车位集中于小区的北部和外围。小区地下共设有 329 个停车位，如图 6-25 所示。

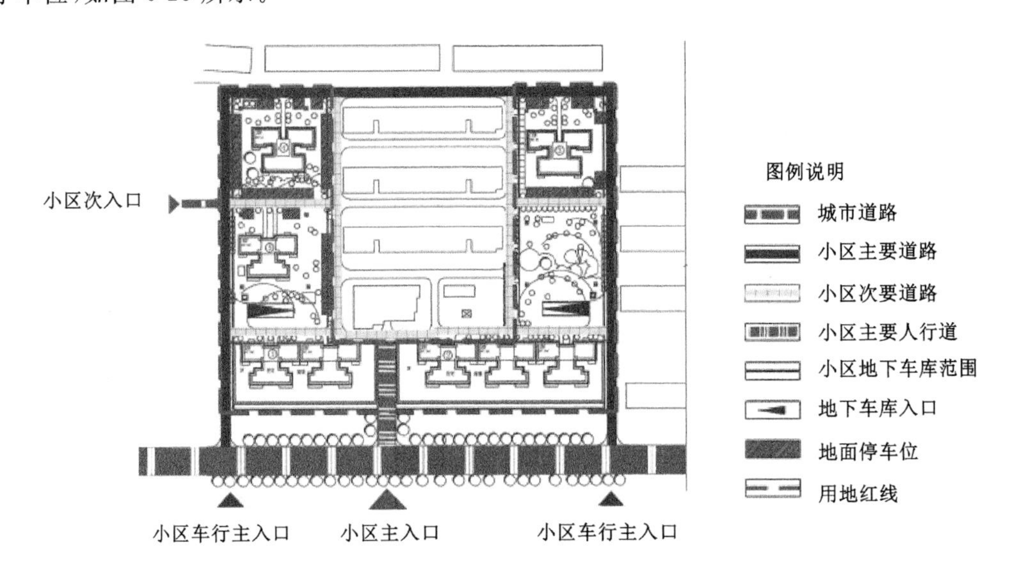

图 6-24 某住宅小区道路交通分析图

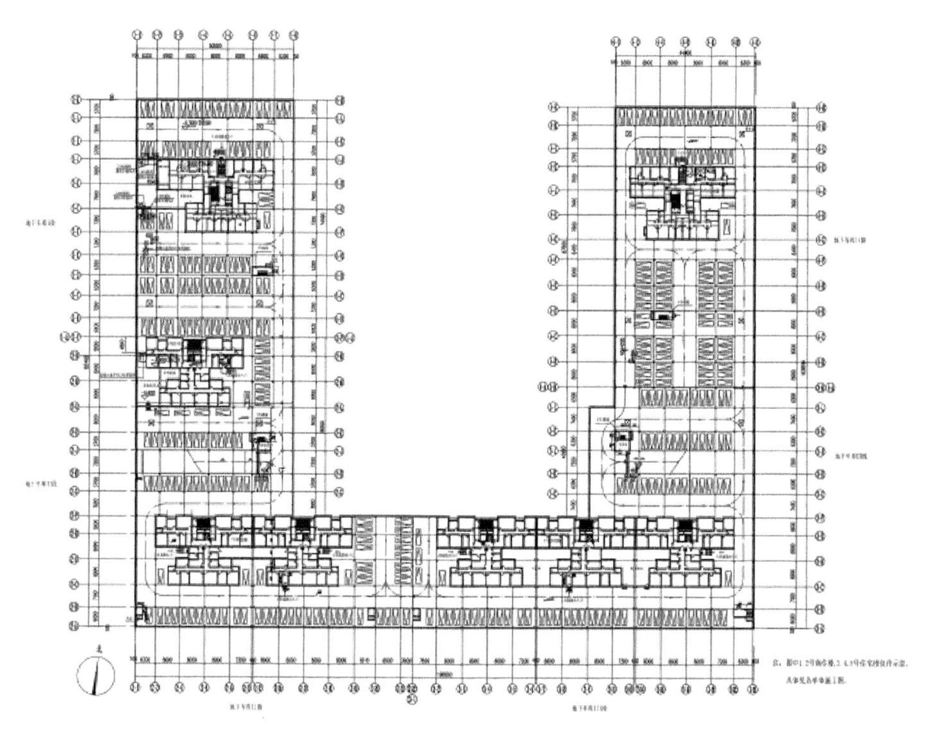

图 6-25 某住宅小区地下车库总平面图

该小区地下车库停车间比较复杂，按照防火分区分为五个部分（图 6-26），第一防火分区即地下车库Ⅰ段，第二防火分区即地下车库Ⅱ段，第三防火分区即地下车库Ⅲ段，第四防火分区即地下车库Ⅳ段。该小区地下车库设自动灭火系统，共分为以下四个防火分区，每个防火分区面积小于 4 000 m^2，采用防火墙与防火卷帘分隔。图 6-27 给出了设备用房的布置位置。

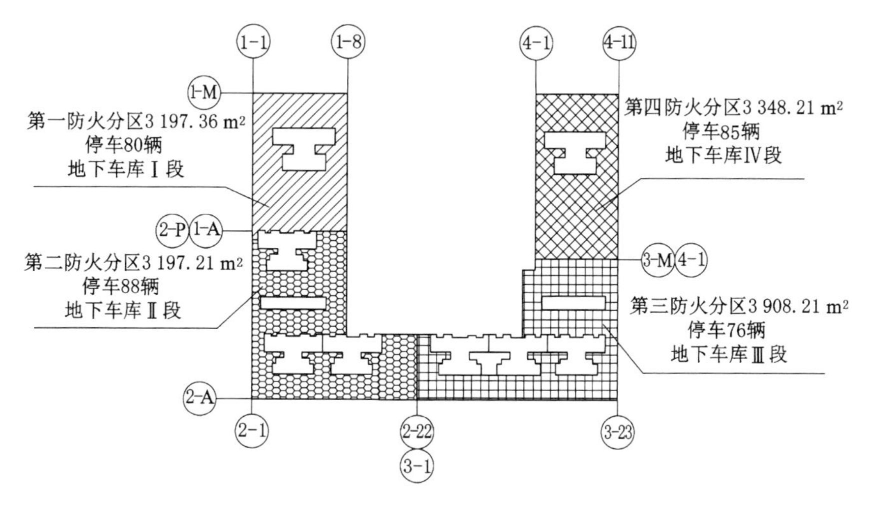

图 6-26 某住宅小区地下车库防火分区图

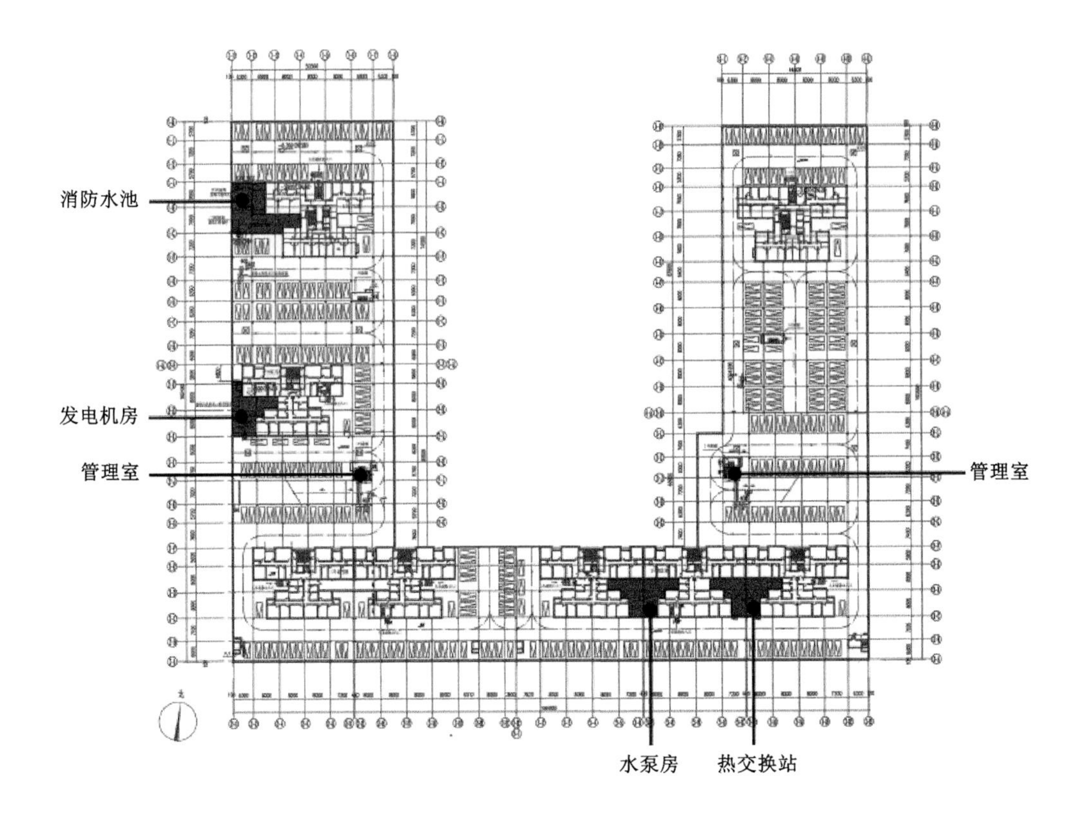

图 6-27　某住宅小区设备用房位置图

7　城市地下交通设施设计理论与方法研究

7.1　概述

7.1.1　地铁发展史

地下铁路已经有150多年的历史，在最近30多年中有了更大规模的发展，有地铁运营的城市数量不断增加，运营里程不断增长，发展很快。

下面列举我国北京和上海两座城市的地铁发展情况。到2017年，北京地铁运营线路共有22条地铁线路，均采用地铁系统，覆盖北京市11个市辖区，车站370座。截至2019年7月，北京地铁在建线路17条，共339.1 km。2020年，北京地铁将形成由30条运营地铁线组成的，总长1 177 km的轨道交通网络。

上海地铁开通时间是1993年，是中国及世界最长里程的地铁系统，截至2017年，上海轨道交通共开通线路16条(不计磁浮)，车站389座，全网运营总里程达672 km，换乘车站52座，并有7条线路新建计划。

7.1.2　存在的主要问题

由于目前我国城市化水平与发达国家相比还有一定的差距，因此在城市地下空间开发利用方面存在一定问题，主要包括以下几点：

(1) 在规划和管理上对地下空间资源的认识不足。

我国城市空间的综合开发利用起步较晚，对城市空间特别是现代城市的立体化空间的理论研究不够深入和系统，致使一些城市规划工作者和管理决策者对城市地下空间的开发利用缺乏正确的认识，欠考虑可持续发展。

(2) 地下空间开发中交通作用不明显。

目前，交通功能主要由以平面结构为主的城市道路系统承担，抗干扰能力低，安全运行性差。地下空间开发过程中未体现足够的交通功能，与地面交通没有形成有机网络，使其得到改善。

(3) 已有开发规模小，深度浅，未形成系统。

目前地下交通设施除地铁线网进行统一规划和建设安排外，其他地下交通设施仅在局部地方进行了简单开发，没有形成规模。

(4) 各类地下空间连通性差，未互相配合而形成有机整体。

调查显示，目前已形成的地下空间中绝大多数都设置独立的出入口，只有大约

20%与人防通道相连。地铁、地下车库与周围地下建筑体之间连通性差，导致吸引力较低，不利于发挥地下空间的交通功能。

（5）各类地下交通设施缺乏统一规划和统筹管理。

根据国外先进经验，城市地面与地下空间的开发应该由规划部门统一规划，由建设部门统一实施。我国在城市建设和管理上存在独特的体制问题，即城市地面与地下空间的规划和建设部门不统一，导致在实际工作过程中出现难以解决的问题，不利于人防工程和城市地下空间开发利用的统一规划和建设，不能实现真正意义上的平战结合，也影响了地下交通设施的运营和管理。

由于体制上存在问题，还导致投融资吸引力的匮乏。政府建设资金有限，在进行项目决策时，往往因为资金问题而选择短期效果较好、投资较少的项目，而忽视了长远影响；同时，由于缺乏对地下空间开发公共事业方面的适当优惠倾斜政策，影响投资者的积极性，从而造成地下交通设施发展滞后。

（6）地铁的造价问题。

昂贵的造价是地下铁路建设以更高速度和更大规划发展的最大障碍，特别是对于发展中国家的大城市，有的虽然客观上已存在建造地铁的需要，但限于经济能力，规划无法实施。所需资金巨大，因而常被同样迫切需要建设而所需投资较少的工程项目所取代。

欧美一些发达国家的地铁造价都很高，美国比欧洲国家更高。由于各国情况差别很大和货币不同，很难进行绝对值的比较。表7-1列举了一些造价，可看出相对差异。

表7-1　欧美某些国家的城市地铁造价(1990年)

国家	城市	地铁造价/(百万美元/km)	备注
原联邦德国	—	15～40	包括隧道、车站、设备(按马克∶美元=2∶1折算)
法国	里昂	24	站台长71 m
英国	伦敦	12	不包括车辆、电气和土地费用
比利时	布鲁塞尔	23	站台长95 m
美国	亚特兰大	52	站台长200 m
	巴尔的摩	60	站台长137 m
	华盛顿	75	站台长183 m
	波士顿	75	
	迈阿密	77	站台长150 m

日本的地铁造价也很高，20世纪80年代建成的一些深埋线路，每千米造价1亿美元，甚至高于美国地铁的造价。

我国早期运行的3条地铁线都是在非正常情况下建设的，决算出来的造价并不能反映实际的投资额，加上物价上涨等因素，很难为当前规划设计提供参考。不过以上海新建地铁的造价预算按目前汇率折合成美元，则尚低于美、日等国的地铁造价。

7.2 地铁路网规划

7.2.1 概述

地铁路网规划是全局性工作，应当在城市发展总体规划中有所反映，根据城市结构的特点、城市交通的现状和发展远景进行路网的整体规划，然后在此基础上才能分阶段进行路网中各条线路的设计。

从广义来讲，地铁路网实际上是由多条线路组成的，乘客可以换乘。在一些地铁系统非常发达的城市中，如伦敦、纽约、巴黎、莫斯科、东京等，仅地铁的地下段部分就已经形成了一个比较完整的路网。在一些人口少于 100 万的城市和发展中国家的大城市，地铁路网比较简单，由一条或两三条地铁线路组成，例如日本的仙台市，人口 670 万，第一条地铁线长 13.6 km，地下段 11.8 km；埃及开罗，人口 830 万，只有一条地铁线，长 28 km，其中地下段仅 4 km。

7.2.2 线网基本结构形式

根据城市现状与规划情况编制的线网中各条线路组成的几何结构图形一般称为线网结构形式。其一般与城市形态、城市道路网的结构形式相适应，但在选定时应先考虑客流主方向，并为乘客创造便利条件，以便吸引更多乘客。线网结构形式布置适当与否，直接关系到线网建成后的经济效益、社会效益和交通服务质量。为此，在规划线网时，不但要考虑各线的具体情况，还要考虑线网的整体布局，也就是考虑线网总的结构形式是否合理。目前，世界各国城市的快速轨道交通线网结构形式比较复杂，但从几何图形上考虑，大致可归纳为放射形、放射加环线形、棋盘形、棋盘加环线形、棋盘环线加对角线形以及混合形等。各种线网几何结构图形如图 7-1 所示。

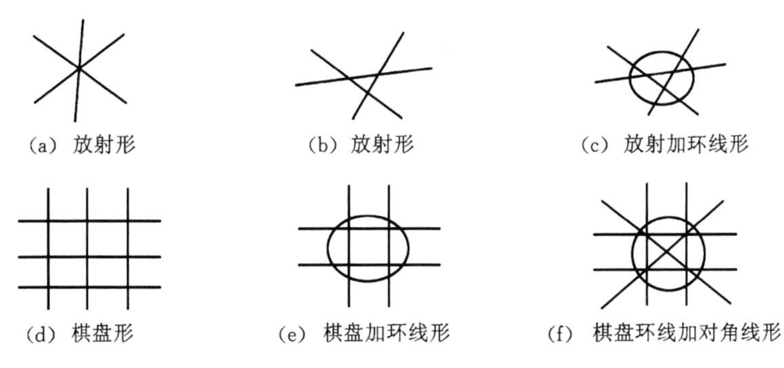

图 7-1 线网几何结构图形

(1) 放射形

放射形是由若干条直径线经市中心向外放射，如图 7-1(a)和图 7-1(b)所示，这种形式对于乘客非常方便，郊区乘客可直达市中心，并且由一条线到任何另外一条线只要一次换乘就可到达目的地，是换乘次数最少的一种形式。但是当多条线路汇集于市中心且集中在一点时，易造成客流组织混乱，并增加施工难度和工程造价。所以，两条以上放射线相交时，要力求避免出现图 7-1(a)形式。放射形线网的不足之处：到相邻区域去的乘客增加了绕行距离，从而增加了乘行时间，并且不必要地增大了市中心的过境客流量。类似图 7-1(b)形式的线网，如捷克的布拉格市地铁，如图 7-2 所示。

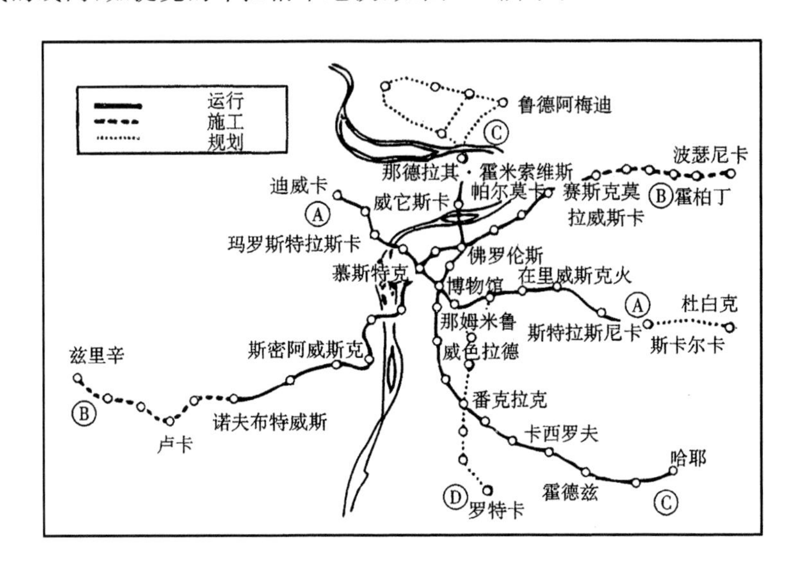

图 7-2　布拉格市地铁线网

(2) 放射加环线形

通过环线将各条放射线有机联系在一起，如图 7-1(c)所示，它既具有放射形线网的优点，又克服了其不足之处，方便了环线上的直达乘客和相邻区域间需要换乘的乘客，并能起到疏散市中心客流的作用。俄罗斯莫斯科市地铁线网属于这种形式，如图 7-3 所示。

(3) 棋盘形

棋盘形是由若干纵横线路在市区相互平行布置而成，如图 7-1(d)所示。这种线网的最大缺点是两次换乘多。如果结合城市干道网必须采用这种结构形式时，应尽量将交叉点布置在大客流集散点上，以减少换乘次数。墨西哥城地铁线网基本上属于这种形式，如图 7-4 所示。

(4) 棋盘加环线形

如图 7-1(e)所示，环线应放在客流密度较大的地方，并尽量多贯穿大的客流集散点，如对内、对外交通枢纽等。这种线网的最大特点是提高环线上乘客的直达性，减少其换乘次数；改善环外平行线间乘客的换乘条件，缩短了其出行时间并减轻了市中心区的线路负荷，起到疏散客流的作用。这种线网的典型形式如北京地铁线网（1993 年），如图 7-5 所示。

(5) 棋盘环线加对角线形

在棋盘加环线的基础上增加了对角线，如图 7-1(f)所示。这种形式可弥补棋盘形

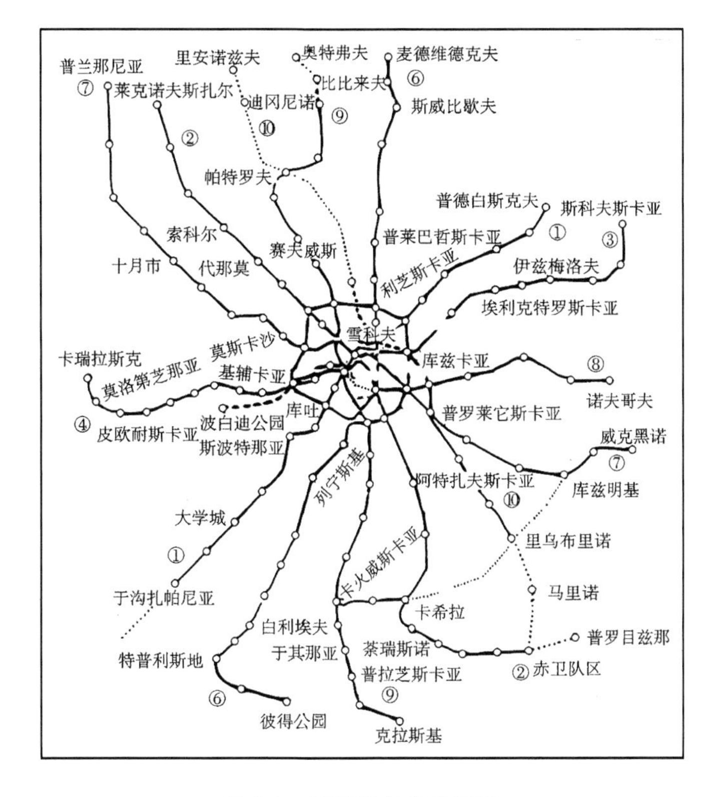

图 7-3　莫斯科市地铁线网

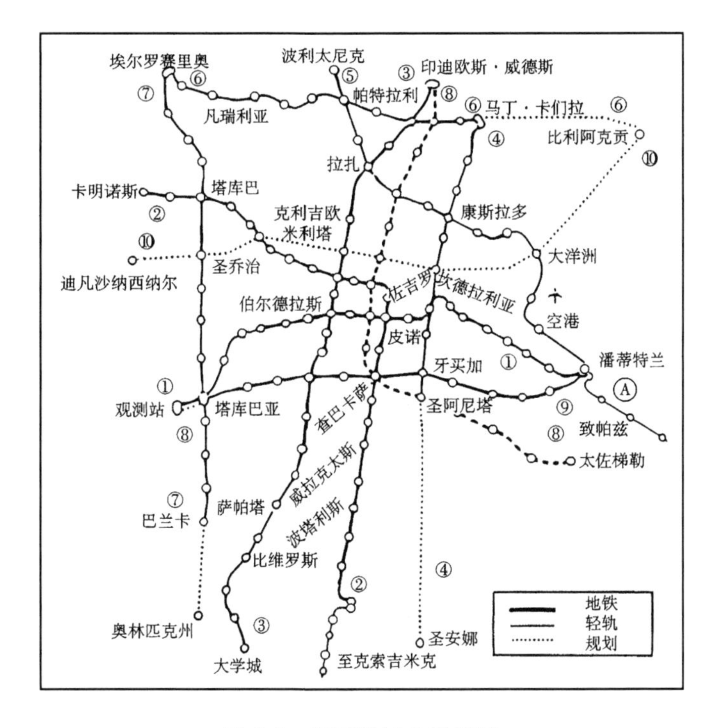

图 7-4　墨西哥城地铁线网

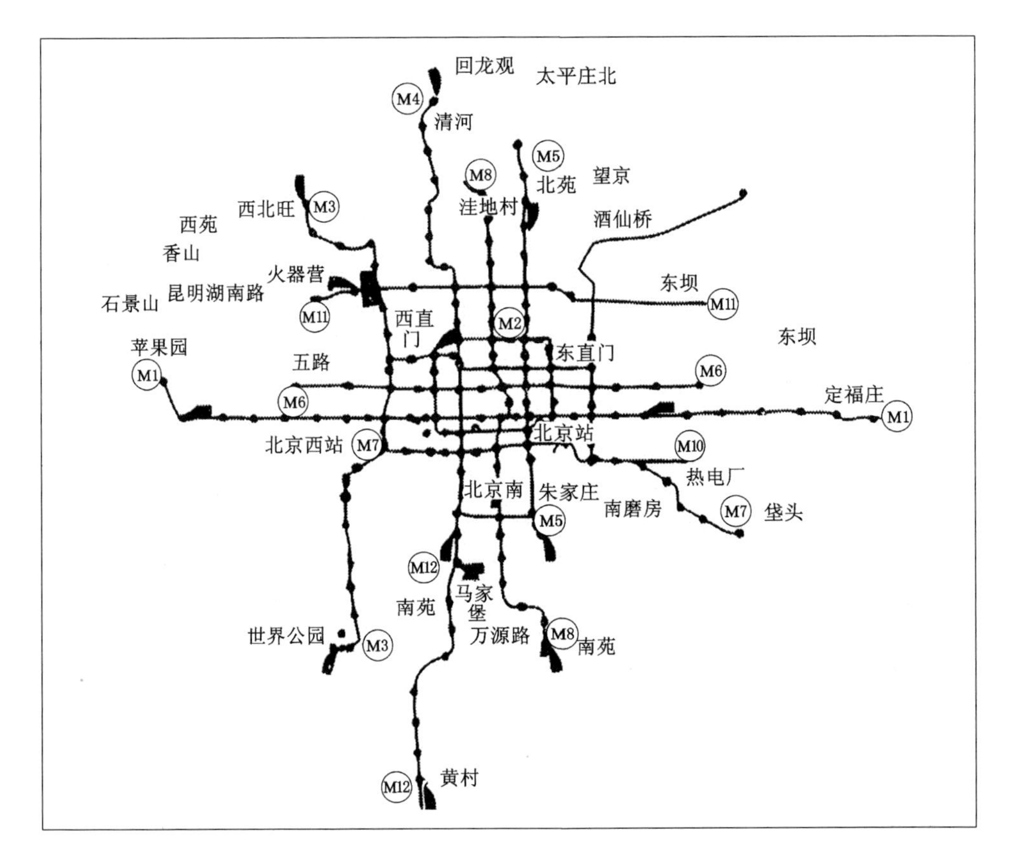

图 7-5　北京市轨道交通线网方案(1993 年版)

非直线系数大的缺点,对于角线上的街区之间或郊区至市中心的居民出行,增加了其可达性,并且减少了出行时间。同时,其也充分发挥了快速轨道交通的使用效能。但若对角线只能沿棋盘形道路布置成若干阶梯形线路,意义就不大了,它不但不能缩短乘客的乘行距离,而且由于增加了许多曲线而恶化了线路条件。这种对角线形式不但没有很好地弥补棋盘形线网的缺点,反而增加了线路长度。所以,在棋盘形线网上布置对角线,要因地制宜,不可生搬硬套。当对角线方向上的客流量确实较大且有布置线路的适宜条件时,才能采用这种形式的线网。北京市 2003 年线网调整后基本就是这种类型的线网方案,如图 7-6 所示。

(6) 混合形

混合形线网结构形式是结合城市的具体情况,将各种几何图形的两种或多种有机结合在一起,成为一个完整的线网结构形式。它能充分适应城市的特点,尽力吸收各种几何图形的优点,因地制宜布置成与城市特征相协调的线网形式,比较机动灵活,效果较好。

7.2.3　线网规划

我国一些大城市在考虑修建地铁时,吸取了国外地铁建设的经验,比较注重制定长期的路网发展规划的重要性。尽管规划还比较粗略,依据不一定充分,但至少可作为一个发

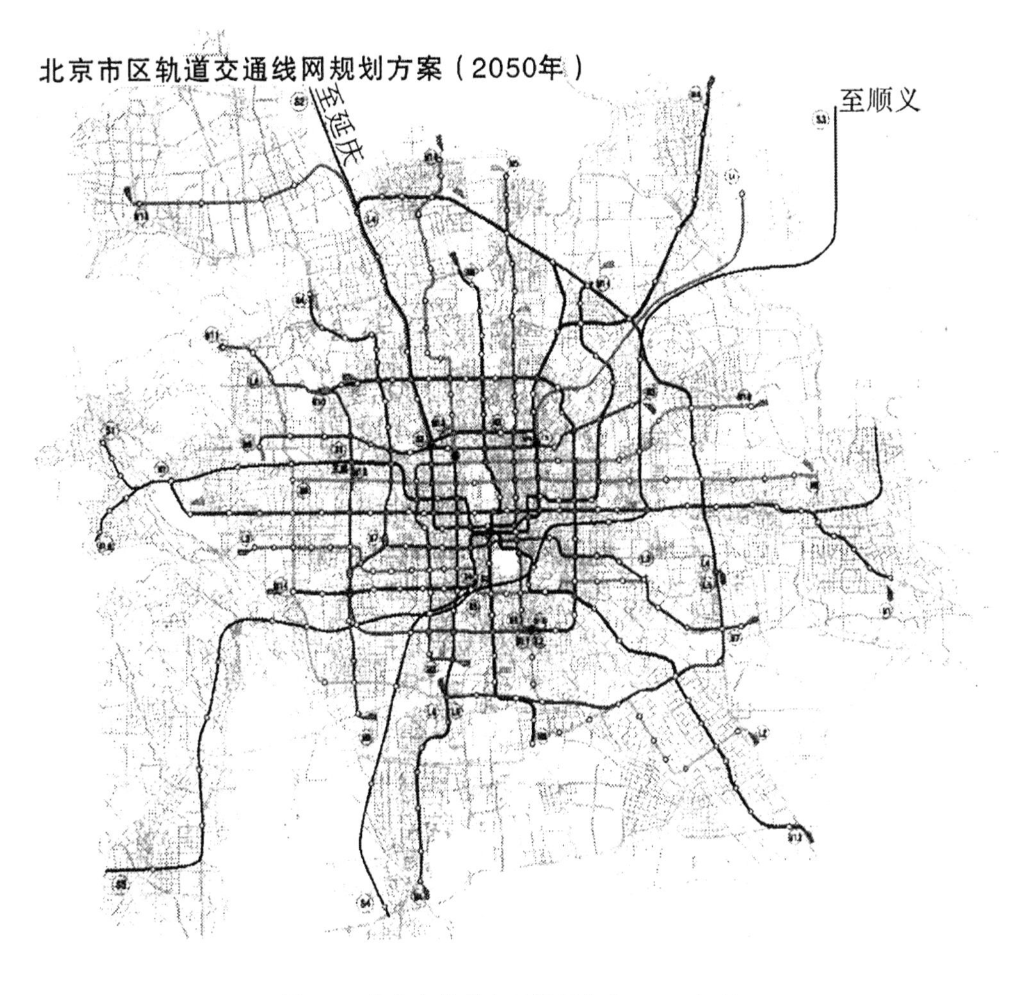

图 7-6 北京市轨道交通线网方案(2003 年版)

展意向,今后随情况的变化再修订和补充,当修建其中某一条线路的条件成熟时,还可根据可行性论证的结果进行局部的调整。

在上海市城市规划部门 1985 年提出的综合交通规划设想中,除在地面上规划 7 条快速干道和其他一些主、次干道,以及自行车专用道外,还提出了由 4 条径线、一条半径线和一条环线加一条半环线组成的地铁路网,总长 176 km。经过多年的建设实践,在对路网规划的认识上已经从单纯的地铁路网发展到整个轨道交通路网,规划范围也从市区发展到市域。在 2000 年前后完成了上海市轨道交通系统规划。截至 2017 年,上海轨道交通共开通线路 16 条(不计磁浮),车站 389 座,全网运营总里程达 672 km,换乘车站 52 座。

远期轨道交通路网由市域快速轨道线、市区地铁线、市区轻轨线组成,上海将形成城际线、市区线、局域线“三个 1 000 公里”的轨道交通网络。到 2020 年底上海市轨交运营规模将超过 830 km,车站总数将达到 600 余座,到 2025 年上海地铁线网将增加到 24 条线路,届时上海地铁运营规模将超 1 000 km。上海地铁还将新增 19 号、20 号、21 号、23

号、崇明岛线、嘉闵线、机场联络线等。

北京市区轨道交通线网由 22 条线路组成，其中 16 条为地铁线路(以下称为 M 线)，6 条为轻轨线路(以下称为 L 线)，规划总长度为 691.5 km，其中 M1 线、M2 线、M3 线、M4 线、M5 线、M10 线为主骨架线路，2020 年将开通运营 26 条(段)线路，形成“三环四横八纵十二放射”的网络运营格局，加上有轨电车，运营总里程将达到 900 km 以上，如图 7-7 所示。

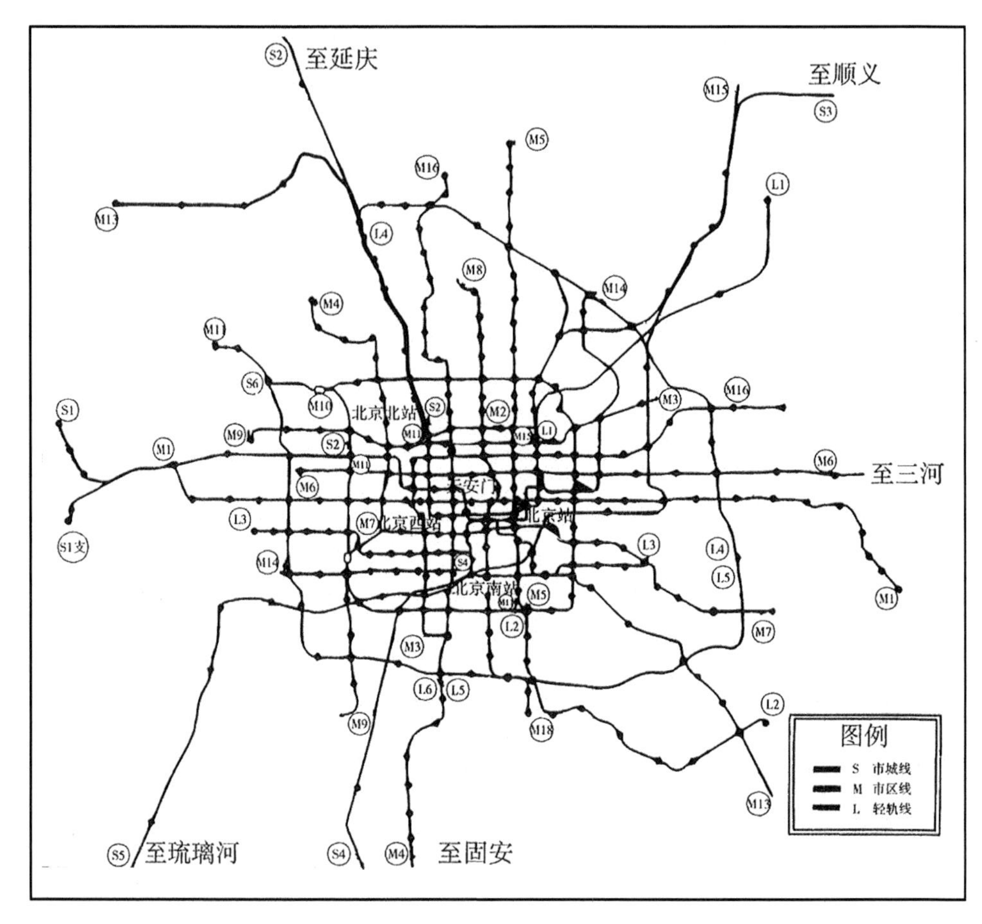

图 7-7　北京市 2020 年城市轨道交通路网规划

车站建筑在投资总额中所占比例较高，因为一般车站造价是相同长度隧道造价的 3～10 倍，且地铁车站是呈点状分布的人流集散节点，所以轨道交通规划的重点是站点的布局和功能定位。

(1) 线路端点站开发

在地铁线路的终端车站以交通功能为主进行开发：安排大规模的机动车和非机动车停车场，方便私人汽车与自行车停放以换乘公共交通工具进入城市中心区，减少私家小汽车在城市中心区域内的使用，缓解交通压力。为出租车提供一定规模的停靠站，以满足部分居民对这种出行方式的需求。与地面公交首末站相结合，实现公共交通之间的换乘功能。此外，地铁线路的终端车站大多数位于城市中心区外围，建设用地相对宽松，因此，为方便换乘的人们购物，可以修建较大型的超级市场或者综合商场。

(2) 换乘站点开发

在规划方案中有4个三线及以上的换乘枢纽站，分别位于东直门、西直门、前门和宋家庄。将这4个枢纽车站开发为集人流集散、商业、停车、娱乐和餐饮为一体的功能强大的综合体可以加强地区经济活力，促进地区发展。目前，东直门、西直门枢纽已经建成，宋家庄枢纽规划正在进行，仅前门枢纽站尚未进行规划。

此外，规划方案中两线相交的站点也应作为换乘枢纽予以考虑，重点为改善换乘条件和增强公共交通吸引力。应加强枢纽站与周围公共建筑之间的连接与配合，枢纽站周围方圆100 m范围内的大型公共建筑均可设地下步行通道与枢纽站连接。此外，可以修建机动车行通道与周围地下停车设施连通。注意地下自行车停车库的安排，其规模不宜少于3 000辆。

(3) 一般站点开发

换乘站主要集中在中心区范围内，开发以交通功能为主，结合地面土地利用性质进行开发。规划重点是步行交通、自行车交通与轨道交通之间的换乘。

天津市早在1986年就在客流调查的基础上提出了快速轨道交通路网规划，由3条放射状线路和一条环状线路组成，在环线之外，还规划了一条环状轻轨线路，形成一个综合地铁与轻轨交通，包括地下、地面和高架三种线路形式的立体化快速轨道交通路网(图7-8)。此外，广州市根据市区内存在南北与东西两个主要客流方向的特点，目前单向客流量达4万～5万人次/h，故规划了大致为十字形的地铁路网，远期再扩展为两个环状线加一条通向黄埔港的轻轨线，如图7-9所示。

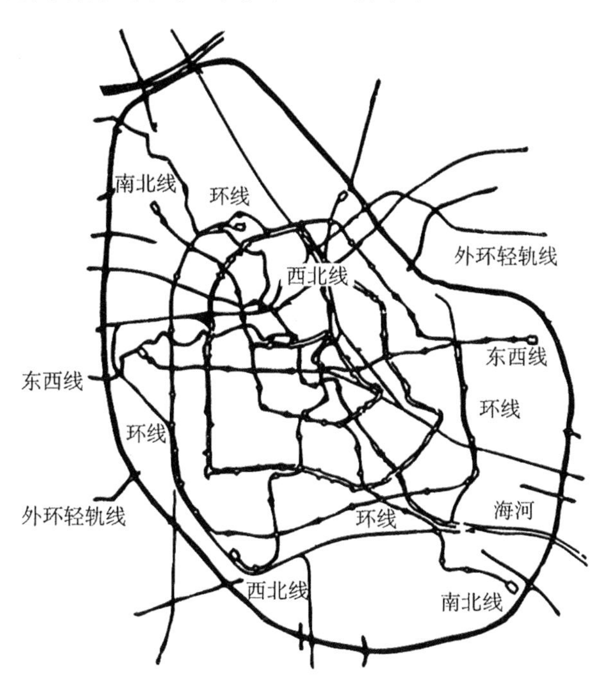

图7-8 天津市快速轨道交通系统规划

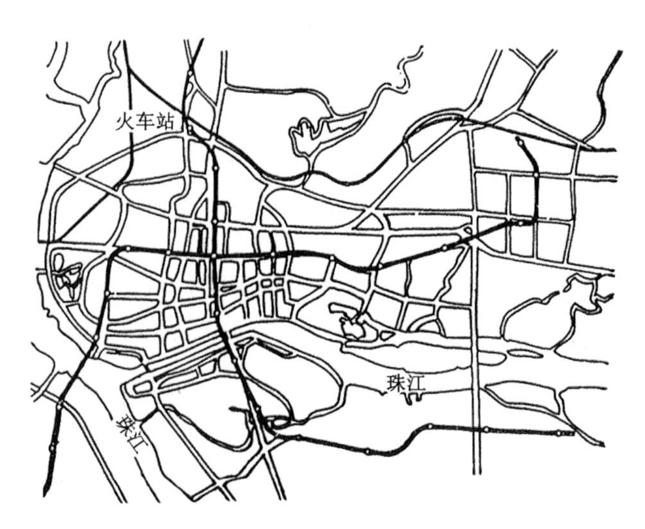

图 7-9　广州市地铁路网规划

7.3　地铁线路设计

7.3.1　概述

地铁路网的规划，要对每一条线路进行勘测、规划、设计和施工才能实现，这项工作可统称为线路设计。

线路设计首先要确定线路的长度和走向，以及不同线路形式（地下、地面、高架）的位置和长度，称为选线工作。需要对沿线单向最大客流量及其中有可能乘坐地铁的比例（近期和远期）、地形和地质条件、地面和地下空间的现状、施工条件和施工方法、与其他交通方式的关系、与城市防灾系统的关系以及社会效益和经济效益等多种因素进行综合分析，比较后选择最佳方案。线路的选择是否与客观存在的最大客流量的流向相吻合是问题的核心，直接影响线路运营后能否发挥最大效益。

7.3.2　线路选线考虑的因素

（1）线路的作用

为城市居民的生产、生活提供交通服务是修建地下铁道的主要目的。在为城市交通服务中，还应包括为城市哪一地区或哪一个方向的客流服务，该项工作由地铁路网规划报告或项目建议书确定。起讫点和必要点（即线路走向）体现这一服务目的，因此也由网规报告和项目建议书确定。例如，上海地铁 1 号线一期工程是为解决上海市漕河泾、徐家汇、人民广场及上海火车站之间的南北交通，因此新龙华（规划铁路第二客站）、徐家汇、人民广场、上海火车站是必经的控制点，如图 7-10 所示。

地下铁道多数建于地下，由于其隐蔽性，战争时可以用来隐蔽人员、物资，调动兵员和开办地下军工厂等。第二次世界大战期间的伦敦、莫斯科的地铁都发挥了很好的战略作用。

(2) 客流分布与客流方向

无论是从地铁的经济效益，还是从方便市民搭乘地铁的社会效益，都要求地铁最大限度吸引客流。地铁线路应尽量经过一些大客流集散点，为此往往要放弃控制点间的最短路线方向。例如，上海地铁一期工程衡山路至人民广场间长约 5 km，有复兴中路、淮海中路和延安中路 3 条线路可选，以复兴中路方案最短，施工干扰也小，但最后选定线路比复兴中路长 200 m 的淮海中路方案，理由是淮海中路是繁华商业街，吸引客流比复兴中路大 50%，如图 7-10 所示。

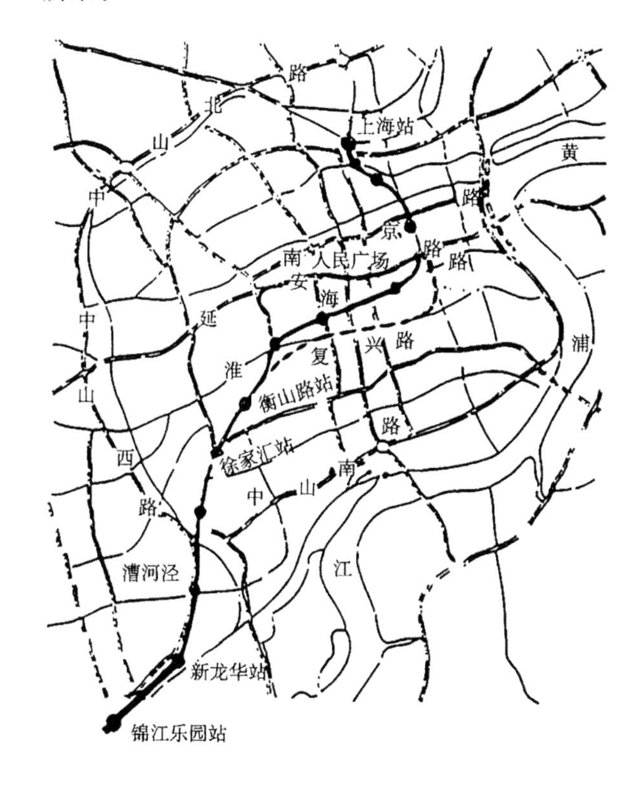

图 7-10 上海地铁 1 号线示意图

(3) 城市道路网分布状况

城市道路分为快速路、主干道、次干道、支路等。快速路、主干道是贯穿整个城市或各区之间的主路，其道路宽阔，交通可达性好。道路两侧往往集中了许多重要的机关、单位、商业、公共建筑等，人口密度大。地下铁道线路一般应选择在城市主路以下敷设，吸引范围内客流量大，换乘方便，能更好地为市民服务，运营效益高。只有在特殊条件下或为了转换主路，在过渡地段才选择在次干道以下敷设。

(4) 隧道主体结构施工方法

地铁隧道主体结构施工方法有很多，不同施工方法的土建费用和对城市的干扰程度差别很大。在第四系地层中，浅埋明挖法施工的土建费用省，但对城市干扰大，暗挖法反之，所以目前国内各城市条件允许时尽量采用明挖，但在市中心区则采用暗挖，如北京复—八线的区间采用浅埋暗挖，上海 1 号线采用盾构法。

(5) 城市经济实力

地下铁道建设费用很高，每千米造价达数亿元。在路线选择上，为了降低造价，除有计划地与旧城改建结合之外，要尽量避免造成大量的拆建工程。此外，各城市根据经济状况可有计划分期、分批建设，如北京地铁一、二期工程，如图 7-11 所示。

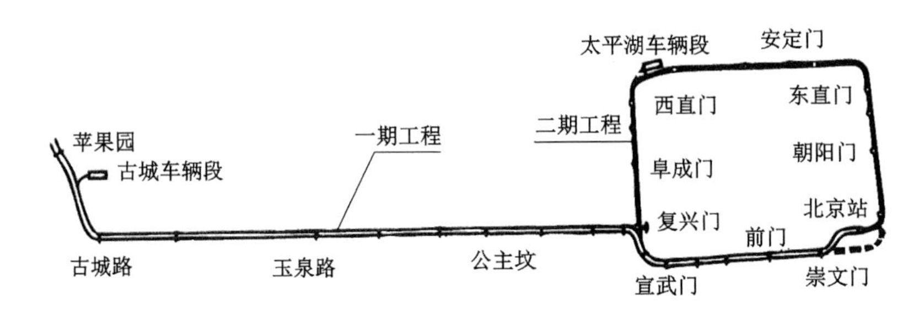

图 7-11　北京地铁一、二期工程

除上述五个方面须经常考虑的之外，城市发展与改造计划、城市的地理环境条件(地形、地质、水文、周边城镇发展)、线路敷设方式等会影响路线选择，在特定条件下还起主导作用。

7.3.3　影响确定车站分布的因素

(1) 大型客流集散点

大型客流集散点往往是城市的政治、经济活动中心，是城市的窗口地段。该地段不但客流数量大，而且很集中，地面交通压力很大。地铁通过车站分散这些客流，充分发挥自身的效能，并且对缓解城市交通压力起到积极作用，所以地铁在大型集散点上必须设车站。根据北京地铁公司客流调查资料，1983 年地铁一号线苹果园、古城路、前门、北京站等四个站上下车人数占总人数 55.6%，四个站平均上下车人数为其他车站的 4.1 倍；1991 年地铁一号线前述四站加环线西直门站，进站人数占总进站人数 40.4%，每站平均进站人数为其他各站进站人数的 4.7 倍，复兴门站换乘站的上车人数为其他各站平均上车人数的 5.4 倍。以上各站的位置是北京市石景山工业区、前门商业区、北京火车站、天安门广场、西直门公共交通总站、地铁一号线与环线的换乘站等特大型及大型客流集散点。

(2) 城市规模

城市规模包括城市建成区和规划区域面积及人口数量。城区面积越大，人口越多，线路上客流量越大，乘座距离长时，地铁应以长距离乘客为主要服务对象，车站分布宜稀一些，以提高地铁乘客的出勤速度。反之，车站分布宜密一些。

(3) 城区人口密度

我国地域辽阔，分布在各地的城市人口密度差异很大，如北京市四个中心城区(东城、西城、崇文、宣武)人口密度，每平方千米为 2.22 万人(2019 年)，上海市中心四个区(静安、卢湾、黄浦、虹口)人口密度每平方千米超过 3.354 万人(2015 年)。广州市中心的荔湾、越秀两区人口密度每平方千米为 3.6 万人(2014 年)。人口密度大,同样吸引范围内发生的交通客流量大,因此车站分布宜密一些。

(4) 线路长度

一条线路的长度,短则几千米,长则几十千米,不同的线路长度,车站的疏密宜不同,短线路宜多设站,长线路宜少设站。

(5) 城市地貌及建筑物布局

城市中江、河、湖、山、铁路站场、仓库区等地方人口密度低,甚至无人,地铁穿越这些地区时可以不设站,但若有开发公园的条件,则应在主出入口处考虑设站。

(6) 地铁线网及城市道路网状况

两条地铁线路交叉时,在交叉点应设换乘站;在与城市主干道交叉时,为了使乘坐城市其他交通工具的乘客方便乘地铁,宜设车站。

(7) 人们对站间距离的要求

在车站分布数量上,除大型客流集散点及换乘站外,其他车站的设置,主要受人们对站间距离要求支配。对于平均站间距离,世界上有两种趋向,一种是小站间距,平均为 1 km 左右;一种是大站间距,平均 1.6 km 左右。我国香港地铁平均站间距为 1 050 m,其中港岛线仅 947 m。莫斯科地铁平均站间距为 1.7 km 左右。香港、莫斯科都是以公共交通为主要运输工具,地铁都有很好的运营业绩。

我国地铁在借鉴世界地铁建设经验的基础上,在地铁设计规范中规定车站间的距离应根据现状及规划的城市道路布局和客流实际需要确定,一般在城市中心区和居民人口稠密地区宜为 1 km 左右,在城市外围区根据具体情况应适当加大。我国已建地铁平均站间距离如表 7-2 所示。

表 7-2 我国已建地铁平均站间距离

城市	线别	线路运营长度/km	车站数/个	平均站间距/m
北京	一号线西段	16.87	12	1 534
北京	环线	23.01	18	1 278
天津	一期工程	7.4	7	约 1 100
上海	一号线中段	15.67	13	1 306
广州	一号线	18.497	16	1 198

除上述各因素外,线路平面、纵剖面、车站站位的地形条件,城市公交车线路网及车站位置,也会对地铁车站分布数量具有一定影响。

7.3.4 辅助线分布

7.3.4.1 辅助线的分类及用途

辅助线是为保证正常运营、合理调度列车而设置的线路。辅助线按其使用性质可以分为折返线、停车线、渡线、联络线、车辆段(车场)出入线、安全线。

① 折返线、停车线:折返线为供运营列车往返运行时调头转线及夜间存车用;停车线供故障列车停放及夜间存车。这两种线布置形式一般相同,功能也可互换。

② 渡线:用道岔将上行线、下行线及折返线连接起来的线路,有单渡线和交叉渡线之分。渡线单独设置时,用以临时折返列车,增加运营列车调度灵活性;在与其他辅助线合用时,完成或增强其他辅助线的功能。

③ 联络线:为沟通两条独立运营路线而设置的连接线,为两线车辆过线服务。

④ 车辆段(车场)出入线:车辆段出入线是正线与车辆段间的连接线,是车辆段与正线间的联络通道。

⑤ 安全线:安全线是一种列车运行隔开设备,其他还有脱轨器、脱轨道岔和车辆防溜等。设置安全线的目的是防止在车辆段(场)出入线、折返线和岔线(支线)上行驶的列车未经允许进入正线与正线列车发生冲突,从而保证列车安全、正常运行。安全线长度一般不小于 40 m。在困难条件下,也可设置脱轨器或脱轨道岔。

7.3.4.2 辅助线分布地点选择

线路起终点或每期工程的起终点站,因列车需要转线返回,必须设置折返线或渡线。在靠近车辆段端,一般可不设折返线而设渡线,利用正线折返。

当线路上客流断面发生变化时,从经济性考虑,小客流断面的区段上要减少列车对数,一部分列车实行中途折返,在这些站上也应设置区段折返线,其车站叫区段折返站。在客流量很大的车站上设置折返线,要考虑区段折返列车必然带来部分回头乘客及继续前进的乘客,增加该站台上的客流量,必须对站台面积及上下车时间进行验算,一旦处于临界状态,宜将折返线向断面客流减少方向移动一站。曲线上设置折返线困难时,也可采取上述方法。

为了故障列车能尽快退出正线运营,每隔 3～5 个车站应设置停车线,供故障列车临时存放或检修。起终点站及区段折返线上应有供故障列车存放的能力,不再另设停车线。靠近车辆段出入线的折返线可以不考虑故障列车存放。远离车辆段的终端折返线,若列车折返对数多,没有能力停放故障列车时,应选择邻近车站设置停车线。

当两折返线(停车线)之间相距 5 个车站且工程不复杂时,宜在中间站端再设一单渡线。平时可增加维修工程车折返的灵活性,一旦线路及设备发生故障,可使运营中断地段缩短。

7.4 地铁车站设计

7.4.1 车站类型

车站按照运营性质可分为终始站、中间站、区间站和换乘站等,如表 7-3 和图 7-12 所示。

表 7-3 车站的类型

车站类型	说明
终始点站	线路的终始点车站位于线路的两端,往往设在郊外,没有线路折返设备。机车车辆可以在此折返,并可作为列车停留、临时检修用
中间站	供乘客中途上、下车之用,中间站的通过能力决定整个线路的最大通过能力
区间站	在线路上客流量分布是不均匀的,在客流量集中的线段两端的车站设置折返线,在客流高峰区段内增开区间列车,有利于客流的疏散
换乘站	位于地铁不同线路交叉点的车站。除供乘客上、下车之外,还可由此站经楼梯、地道等去往其他站层,换乘另一条线的列车

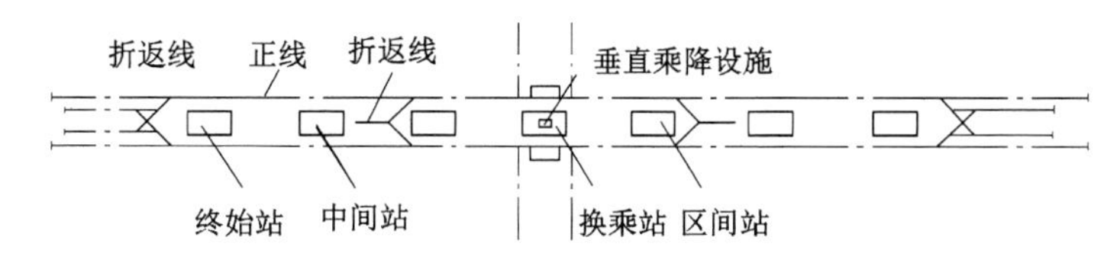

图 7-12 地铁车站按功能的分类

换乘站的布置与线路相交的方式有关。当两条线路垂直相交且层间距离较小时,可采用垂直换乘方式,如图 7-13 所示。当两条线路成锐角相交时,其换乘方式可采用图 7-14 所示方式;当上、下两条线路不相交时,其换乘方式可采用图 7-15 所示方式。

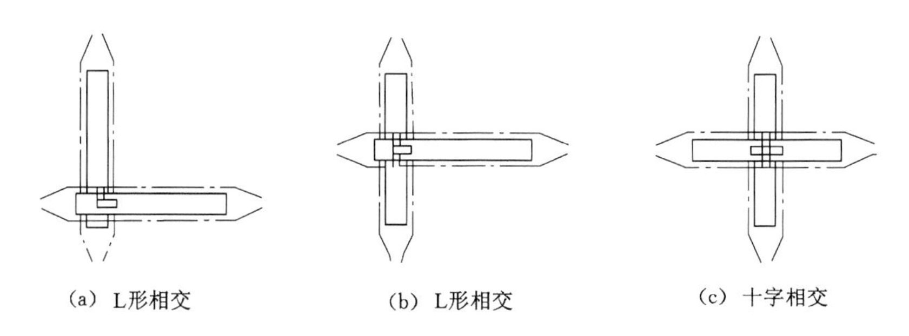

(a) L形相交 (b) L形相交 (c) 十字相交

图 7-13 地铁换乘站的类型(垂直换乘方式)

7.4.2 站台布置

7.4.2.1 站台形式

地铁车站站台断面主要形式如图 7-16 所示。但站台的形式按其与正线之间的位置关系可分为岛式站台、侧式站台和岛侧混合式站台,如图 7-17 和图 7-18 所示。

7.4.2.2 站台尺寸

(1) 站台长度

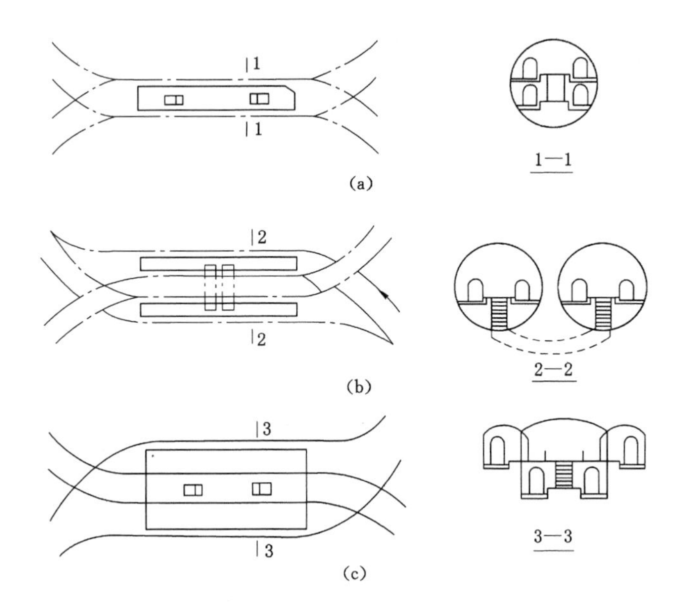

图 7-14　两条平行线路换乘站示意图

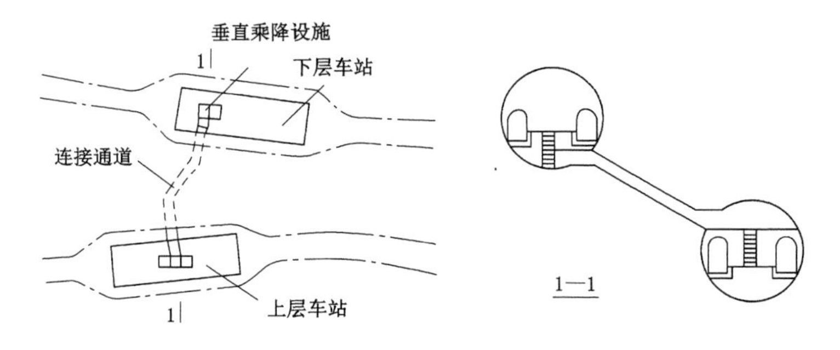

图 7-15　不相交线路的换乘站示意图

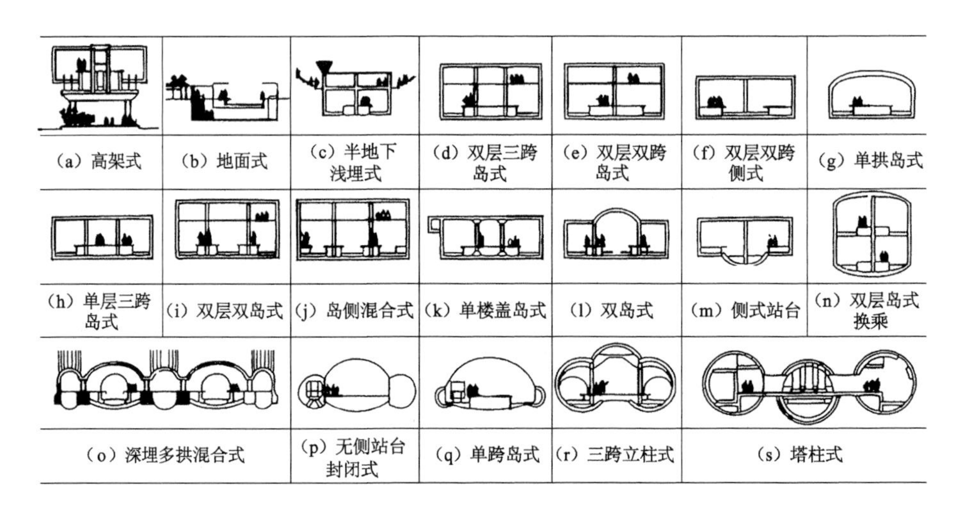

图 7-16　地铁车站站台断面形式

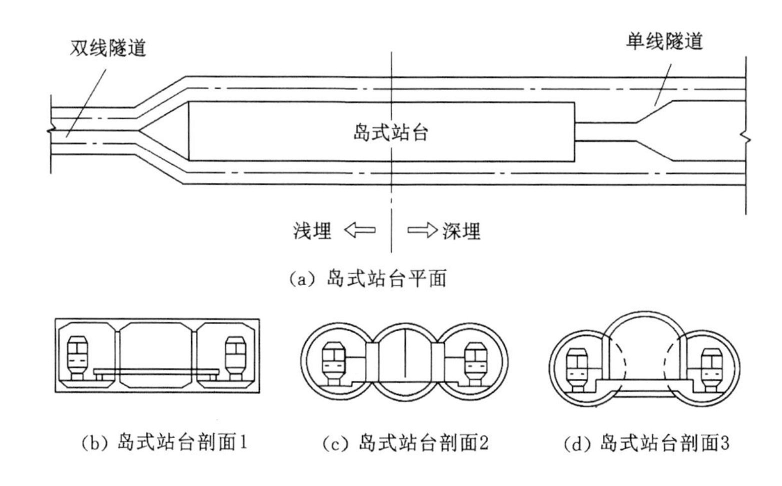

图 7-17　地铁岛式站台及其结构形式

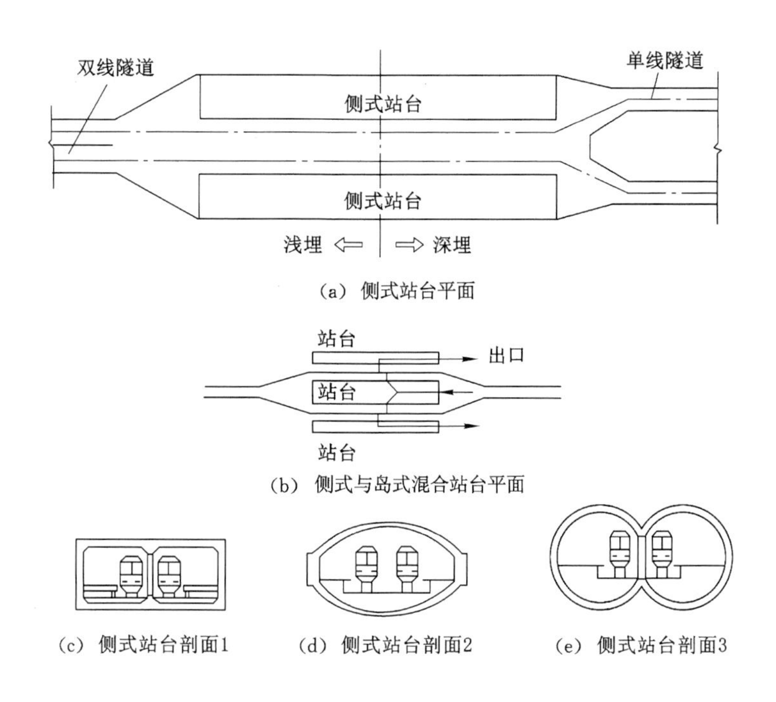

图 7-18　地铁侧式站台与混合式站台及其结构形式

我国一般采用远期列车编组的长度加 1～2 m。

(2) 站台宽度

站台宽度的计算方法如表 7-4 所示。

表 7-4　站台宽度的计算方法

<table>
<tr><th>计算依据</th><th>计算公式</th><th>参数说明</th></tr>
<tr><td>经验公式</td><td>侧式站台宽度：
$b=\frac{mW}{L}+0.45$
岛式站台总宽度：
$B=2b+n\times$柱宽+(楼梯+自动扶梯)×宽</td><td>m——超高峰小时间每隔列车单方向上下车人数；
L——站台计算长度，m；
W——站台上人流密度，m^2/人、如上海取 0.4；
0.45——安全线宽度，m；
n——站台横断面的柱子数；
B——总宽度应按模数采用</td></tr>
<tr><td rowspan="2">按客流量计算</td><td>侧式站台的一个站台宽度：
$b=\frac{A}{L_{计}}+0.45+\frac{1}{2}b_0$</td><td>$A$——站台面积，$A=Pa_1$；
P——超高峰小时每间隔列车单方向上、下车人数；
$P=P_hN(P_s+P_e)\times\frac{1}{100}$；
P_s+P_e——上、下车乘客占全列车乘客数的百分比，根据预测客流或调查资料取 20%～50%；
N——列车的车厢数；
a_1——站台人流密度(正常情况下取 0.75 m^2/人)；
$L_{计}$——列车计算长度，m；
b_0——乘客沿站台纵向流动宽度</td></tr>
<tr><td colspan="2">单拱岛式站台宽度：$B=2b+b_0$；
三跨岛式站台总宽度：$B=2b+b_0+2\times$柱宽+(楼梯+自动扶梯)×宽</td></tr>
</table>

不论采用哪一种计算方法，计算结果的选用值都不得小于表 7-5 规定的站台最小宽度值。表 7-6、表 7-7 和表 7-8 分别列出了我国北京、上海地铁车站的尺寸及日本地铁车站站台宽度。

表 7-5　站台最小宽度　　单位：m

站台形式	结构	站台最小宽度	站台形式	结构	站台最小宽度
岛式站台		8.0	混合式站台	岛式	8.0
侧式站台	无柱	3.5		侧式	3.5
	有柱	柱内 3.0			
		柱外 2.0			

表 7-6　北京一期车站(岛式)站台宽度分类　　单位：m

项目	规模			项目	规模		
	大	中	小		大	中	小
站台总宽	12.5	11	9	站台长度	118	118	118
站台中跨集散厅宽	6	5	4	地下站厅高	2.95	2.95	2.98
站台面至顶板底宽	4.95	4.55	4.35	地下通道宽	4	4	4
侧站台宽	2.45	2.10	1.75	地下通道高	2.55	2.55	2.55
站台纵向柱中距	5	4.5	4				

表 7-7 上海一号线车站(岛式)尺寸

单位:m

项目	规模			项目	规模		
	大	中	小		大	中	小
站台总宽	14	12	10	站台面至吊顶面高	3	3	3
侧站台宽	3.5～4	2.5～3	2.5	吊顶设备层高	1.1	1.1	1.1
站台长度	186	186	186	纵向柱中心距	8～8.5	8～8.5	8
站台面至漏板底宽	4.1	4.1	4.1				

表 7-8 日本车站站台宽度分类

单位:m

车站位置	岛式	侧式无立柱	侧式有立柱
位于以住在区为主地区内的小站	8	8	5
位于以住在商业为主地区内的中等站	8～10	4～5	5～6
位于以商业办公为主地区内的大站	10～12	5～6	6～6.5
位于以商业办公为主地区内的换乘站或与铁路的联运站	>12	>6	>6.5

7.4.3 站厅布置

站厅是地铁车站用于售票、检票、布置一部分设备用房的场所，其布置方式与售票、检票方式有关，应使付费区与非付费区有明显的交界处，形成不同的功能分区。站厅布置形式一般可分为分离式、贯通式及分区式站厅，如图 7-19 和图 7-20 所示。有些站厅也与地下商业街连通在一起布置，如图 7-21 所示。

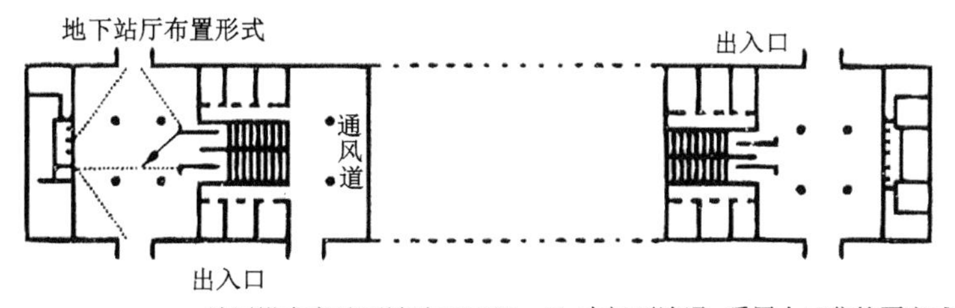

站厅设在车站两端地下局部一层，中间不连通，采用人工售检票方式

(a) 分离式站厅(三跨岛式)

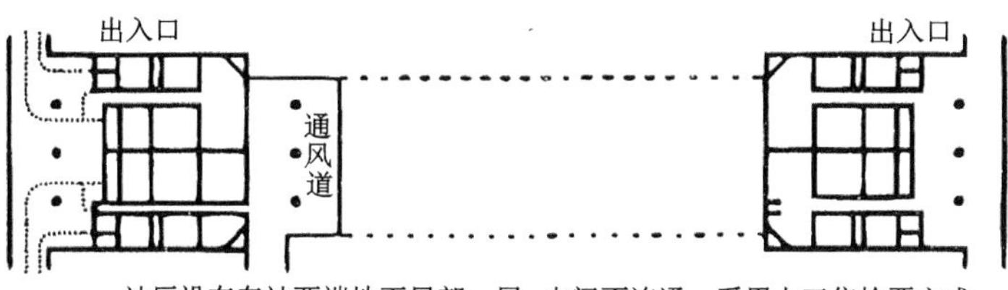

站厅设在车站两端地下局部一层，中间不连通，采用人工售检票方式

(b) 分离式站厅(双跨侧式)

图 7-19 站厅布置形式(一)

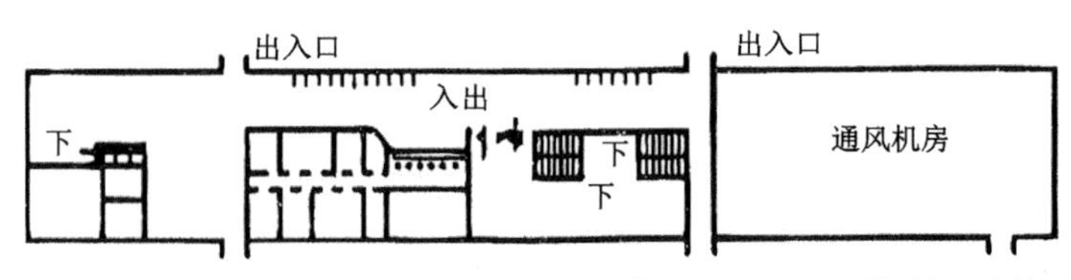

站厅设在地下一层，采用自动售票和自动检票方式，进出站检票机一字排列

(c) 贯通式站厅(单跨岛式)

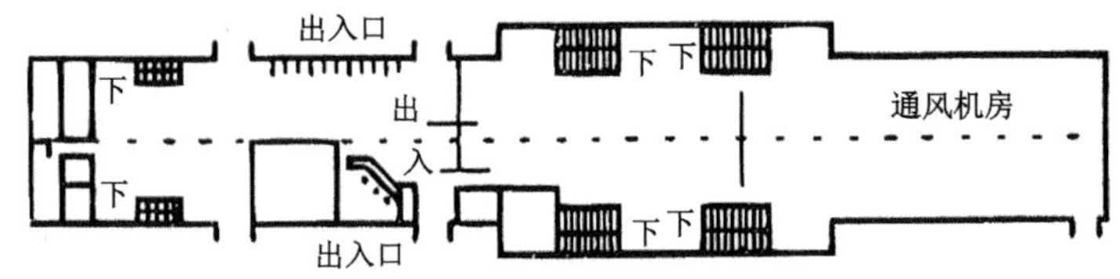

站厅设在地下一层，采用自动售检票方式，用检票机群划分付费区和非付费区

(d) 分区式站厅(双跨侧式)

图 7-19(续)　站厅布置形式(一)

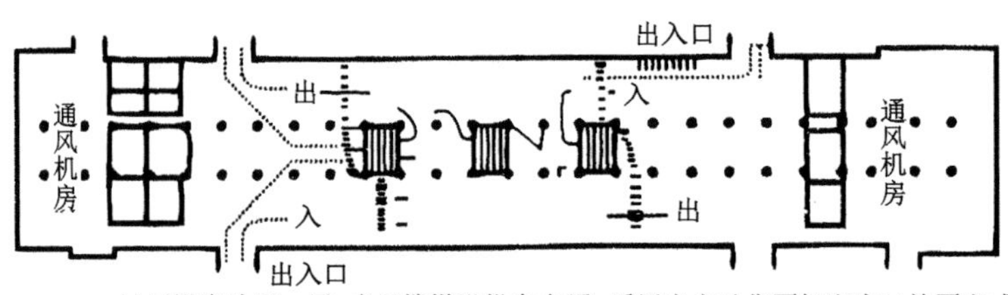

站厅设在地下一层，多层楼梯沿纵向布置，采用半自动售票机和自己检票方式

(a) 贯通式站厅(三跨岛式)

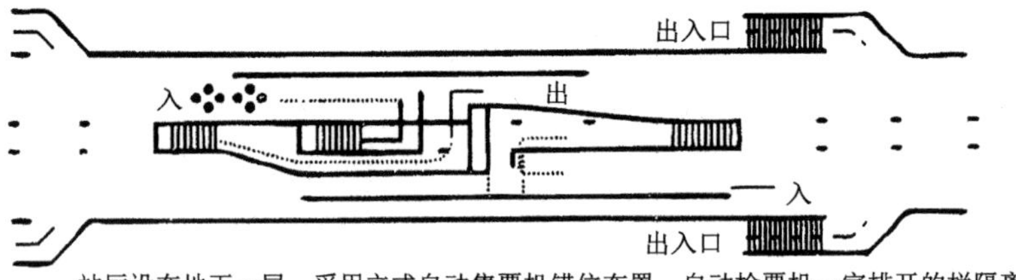

站厅设在地下一层，采用立式自动售票机错位布置，自动检票机一字排开的栏隔离

(b) 贯通式站厅(三跨岛式)

图 7-20　站厅布置形式(二)

售、检票处位置应设在便于乘客进、出站的地方，避免人流交叉、干扰，以尽量缩短乘客在站内停留的时间。

车站控制室应设在便于对售票、检票、楼梯或自动扶梯口等位置进行监视的地方，强、弱电设备应分开布置，有噪声源的设备房间应远离乘客活动区域。

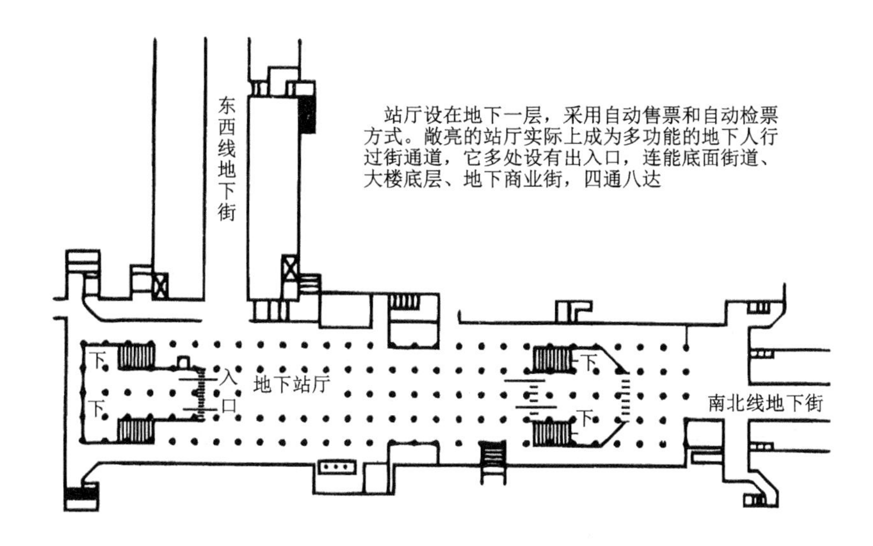

图 7-21 站厅与地下商业街连通平面图

7.5 地铁出入口设计

车站出入口最好设置在沿线主要街道的交叉路口或广场附近，应尽量扩大服务半径，以方便乘客。

7.5.1 出入口的数量

出入口数量要视客运需求与疏散要求而定，最低不得少于 2 个，并且在街道两侧均应设有车站出入口。若车站位于街道的十字交叉口且客流量较大时，出入口数量以 4 个为宜，布置在交叉点的四角，如图 7-22 所示。处于地面多条街道相交路口的大型地铁车站，根据需要也可以设置多个出入口，如图 7-23 所示。

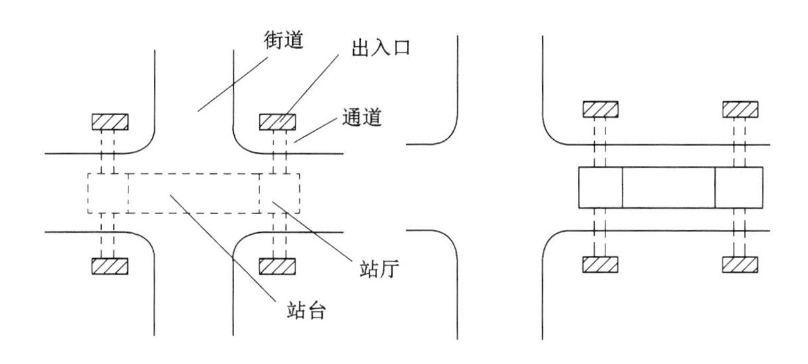

图 7-22 街道交叉口处地铁车站出入口布置比较

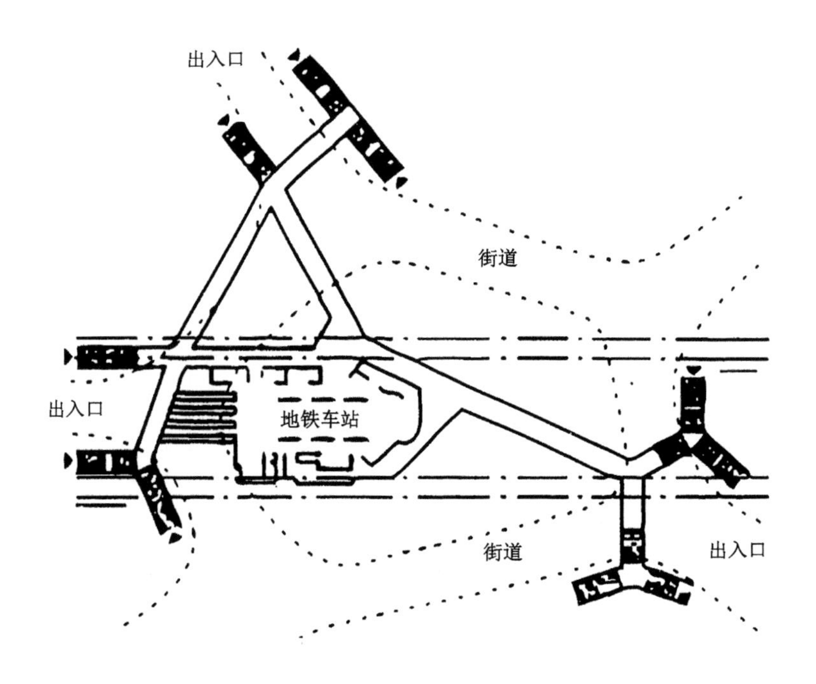

图 7-23　英国伦敦市甘兹山地铁车站的出入口布置图

7.5.2　出入口布置

车站出入口布置应与主要客流量的方向一致，建筑形式应考虑当地的气候条件，车站出入口和通道宜与城市地下人行过街道、地下街、公共建筑（如地下商场）的地下层相结合或连通，统一规划，同步或分散实施建设。车站出入口与地面建筑物合建时，在出入口与地面建筑物之间应采取防火措施。车站地面出入口上下自动扶梯的设置标准一定程度上反映了国家的财力和人民的生活水平，应依据提升高度和经济条件而定。国内一般当提升高度大于 8 m 时设上行自动扶梯；超过 12 m 时，上下行均应设自动扶梯。

7.5.3　出入口形式

地铁车站的出入口分为独立式出入口、连通式出入口以及下沉广场式出入口。独立出入口的地面标高比室外人行道标高高 0.45 m，出入口宽度按计算确定，但最小宽度应不小于 2.5 m。出入口还需设置防洪闸板以防特大洪水的侵袭，出入口立面造型应能与周围的地面环境相协调，但要有明显的地铁车站标志，图 7-24 为世界主要城市地铁标志。下沉广场式出入口虽然能极大地改变车站内部的室内环境，提高车站周围的城市环境质量，但因其造价相对较高，所以主要用在一些特殊的车站。图 7-25、图 7-26 和图 7-27 分别为独立式、连通式和下沉式出入口。

图 7-24　世界主要城市地铁标志举例

图 7-25　东京中央线独立式车站出入口

图 7-26　东京车站地下连通式地铁出入口

图 7-27　大阪公园地铁站下沉式地铁出入口

7.6　案例分析

7.6.1　石家庄市概况

石家庄市区现辖 8 个行政区，分别是桥东区、桥西区、新华区、长安区、裕华区、井陉矿区、高新技术产业开发区（高新区）和正定新区，此外还建设有 1 个国家循环经济技术开发区和石家庄国际机场空港园经济区，还有下辖的 12 个县、4 个县级市、1 个副地级市。总面积 20 235 km^2（2013 年），市区面积 455.81 km^2。全市常住人口 1 276.37 万人（2013 年），石家庄中心城区人口 277.68 万人。石家庄市城市总体规划获得国务院批准。国务院要求合理控制城市规模，统筹城乡发展，到 2020 年，石家庄中心城区城市人口控制在 300 万人以内，城市建设用地控制在 287 km^2 以内。

未来十年，石家庄市增加了都市区规划层次，明确了北跨发展策略，确定了"一河两岸三组团"组团式布局结构。"一河"，即滹沱河；"两岸"，指滹沱河南岸的老城区和东部产业区，以及滹沱河北岸的正定古城和正定新区；"三组团"，是指围绕在市周边的鹿泉市、栾城县和藁城市。中心城区（不含正定、鹿泉、栾城、藁城），规划建设用地规模 287 km^2，远景中心城区建设用地规模 500 平方 km（中心城区、正定组团）。

当前的石家庄市正处于高速发展阶段，在建设 500 万人口大城市的过程中，城市规模扩大也带来了许多原先没有的烦恼，尤其是人、车、路的矛盾越来越突出，市区交通拥堵也越来越严重。堵车现象每天都在市区发生，尤其在上下班高峰期，堵车更为严重。市区主干道常年处于饱和状态，节假日状态更为恶化。造成城市拥堵的主要原因之一是机动车辆数目增加。据统计，到 2012 年 2 月底，市区二环路以内机动车保有量已达到 52.5 万辆，而且还在以每月 1 万多辆的数量迅猛递增。国内外大中城市解决城市交通拥堵的成功实践表明，建设城市轨道交通（轻轨和地铁）是最为行之有效的方法之一，经过规划，石家庄市轨道交通建设迫在眉睫。

7.6.2　轨道交通线网设计原则

① 既要以现行《城市总体规划》为依据，同时要特别注意决策者对城市空间发展战略的新思考。

② 要特别关注火车站、机场、大型长途汽车场站的迁建、新设等谋划信息。

③ 在《城市总体规划》修编期内，宁可停下，不要急于编制轨道交通线网规划。

④ 要充分认识线网规划的实施性和预留通道性。实施性是指注意近期建设的线路(一般经过城市核心区)一旦建设就不可改变的特点；预留通道性是指核心区以外远期才能建设的规划线路，只是指示预留轨道交通通道，其具体线路在建设时还会有必要调整，目前不必细纠。

7.6.3　轨道交通线网设计

石家庄市轨道交通线网规划由 6 条线组成，呈现“大放射、小方格”布局，其中骨干线 3 条，辅助线 3 条，见图 7-28。线网总规模为 241.7 km，车站 160 座，其中三环以内 169.2 km，车站 121 座。3 条骨干线形成了“一线穿三心，二线连五城”的优化布局，“三主三辅”打造互通格局。

图 7-28　石家庄市轨道交通线网

1 号线是沿市区主轴布置的东西向骨干线路，串连了主城区、高新区和正定新区，衔接主要对外交通枢纽和城市重要功能节点；2 号线是沿市区南北向发展轴布置的骨干线路；3 号线是沿市区东西向发展轴布置的骨干线路；4、5 号线为外围辅助填充线；6 号线为内部填充线。

7.6.3.1 线路概况

(1) 1 号线中心城内东西向骨干线

连接主城与正定新区干线线路。在昆仑大街一直向北，穿越滹沱河后进入正定新区。沿规划新城大道向北至新生路折向东，至纳爱斯大街向北，止于规划环城快速路，线路总长 40 km。在起终点设车场，为便于线路分期实施，拟在京珠高速绿化隔离带内设停车场一座。

(2) 2 号线都市区南北向骨干线

北起正定新区，南至栾城。线路沿正无路经过正定古城北侧向西，沿旅游路跨过滹沱河。沿胜利大街进入主城区，过北二环后，线路改为沿建设大街继续向南延伸。经建胜路，转至新客站，在新客站东广场贴近站房处通过，与东西向的 3 号线形成"T 形"换乘站。然后沿胜利南街、107 国道至现状城区边缘向东，至楼底向南至南三环。远景延伸至栾城区。2 号线全长 60.4 km，在南北三环的绿化隔离带内以及正定和栾城设停车场。

(3) 3 号线都市区东西向骨干线

3 号线全长 62.3 km。西延鹿泉，东连藁城。在中心城段，西起西三环，沿联盟路向东，至中华大街转向南，沿中华大街南行至新客站西广场，转向东，下穿新客站站房后沿塔北路向东，经由金沙江道、海南路，预留向藁城延伸的条件。3 号线在三环内长 31 km，为便于分期实施，除在西三环外预留停车场外，在东三环绿化带内设停车场，远景设藁城停车场。

(4) 4 号线东北-西南向 L 形辅助线

与 5 号线在中心区外围形成环线。北起北三环，沿规划路向南至建华大街，沿建华大街一直向南延伸至建华西路，转向西，沿建华西路，穿过铁路后转至汇丰路，向西延伸至西四环外的车场。4 号线路线全长 23.3 km。

(5) 5 号线 L 形辅助填充线

5 号线与 4 号线相扣成环。5 号线东北端东三环与石津总干渠交叉处的西北侧之五女片区，向西沿规划道路串连吴家营、东杜庄、西兆通等片区，穿越京珠高速后向西南折入光华路，沿市庄路直至友谊大街转向南，在民心河北岸沿滨河街转至红旗大街，然后一直延伸至西南三环。5 号线全长 28.9 km，车场设于线路两端。

(6) 6 号线内部填充线

西起西三环，沿槐安西路东行，于西里街路口转至槐中路继续向东，过京珠高速，接高新区的闽江道，至昆仑大街转向南，与 1 号线设平行换乘站，向南至南三环。预留远景向西延伸至西山和向南延伸至栾城的条件。6 号线中心城段(西三环至南三环)长 26.8 km，西线路两端设车场。

7.6.3.2 线路设计功能层次分析

1、2、3 号线为骨干线，形成中心城线网的基本骨架。骨干线皆为穿越核心的直径线，两两相交，围合地区为城市核心区。同时，所有的外围组团与中心城的轨道交通连接都用骨干线实现，有效地支持外围组团的发展。

4、5、6 号线为辅助填充线，在基本骨架线网形成后在中心区与外围区内加密线网，扩大轨道交通覆盖范围，提高轨道交通的服务水平。

未来省会中心城区范围内将形成“一主两副多点”的中心体系。其中，“一主”是指主城区，“两副”是指滨河中心和东部副中心。远景线网方案为各城市中心提供了强有力的交通支撑，同时在各中心之间建立快速的轨道交通联系。轨道交通线网以 1、2、3 号线骨干线及 4 号线的内部填充线在城市核心区内构建局部方格状线网，强有力地支持城市主中心，适应远景强大向心客流。

其中 1、2 号线连接滹沱副中心和主中心，同时将远景中心城三个片区紧密连接起来，能够为滹沱新区的发展提供必要的交通支撑。同时，作为南北向骨干线，2 号线向北接正定片区中心，向南延伸至栾城片区中心。1、2 号线在以市级行政办公为主的金融、商业中心形成十字交叉。1 号线与 3 号线两条骨干线在老城区内以省级行政办公为核心的次级中心形成十字交叉；3、6 号线在东部产业区中心形成十字交叉。3 号线东西两端也可延伸至鹿泉和藁城两个片区中心。1、2、3 号线围合的区域恰巧是中心城，是未来都市区发展的强大心脏。

石家庄市主城区轨道交通线网以主城区为核心，形成三主三辅，大放射、小方格的轨道交通线网，解决中心城与外围组团、中心城内部的中长距离交通出行问题，支持滨河新区、正定和东部新区等重点地区的发展，为远景实施“一城三区三组团”的空间形态提供轨道交通支撑，在稳定的同时又具备充分的灵活性，对石家庄多层次交通体系的形成和城市总体健康发展具有重要意义。

7.6.3.3 线路站点设计

(1) 1 号线站位设计

1 号线为中心城区东西向，并正定组团的 L 形骨架线，全线共设车站 29 座，其中地下车站 17 座，地上车站 12 座。

(2) 2 号线站位设计

2 号线为南北向的骨架线，全线共设车站 37 座，其中地下车站 21 座，地上车站 16 座。

(3) 3 号线站位设计

3 号线为连接鹿泉、中心城东西向的骨架线，全线共设车站 34 座，其中地下车站 18 座，地上车站 16 座。

(4) 4 号线站位设计

4 号线为中心城区南北走向并连接裕华、南部片区的 L 形型辅助线，全线共设车站 19 座，全部为地下站。

(5) 5 号线站位设计

5 号线为中心城区内先南北、后东西走向的 L 形填充线，全线共设车站 21 座，其中地下车站 17 座，地上车站 4 座。

(6) 6 号线站位设计

6 号线为中心城区内东西走向并连接裕华片区南部的 L 形填充线，全线共设车站 20 座，其中地下车站 15 座，地上车站 5 座，全部分布在石环公路内。

7.6.4 典型车站设计

新客站“快轨”站厅建于东广场下方，为T形，总建筑面积约3万m^2。根据规划，石家庄市确定了轨道交通2号线通过东广场下方，轨道交通3号线中穿铁路站房，将“快轨”站厅建于东广场下方，两站T形换乘。其中，“快轨”车站为地下三层。其中地下一层为公共站厅层，地下二层为3号线站台层，地下三层为2号线站台层。火车出站客流可到正对“快轨”站厅的换乘大厅(位于地下一层)，在这里可选择乘“快轨”去停车场，也可以直接出地面。“快轨”出站客流，出站后可选择前往停车场或通过楼扶梯到地面买票换乘铁路，也可以直接通过扶梯上至高架。

7.6.5 建设周期设计

石家庄市轨道交通项目被列入国家十二五规划交通建设重点项目。2012年5月，《石家庄市城市轨道交通建设规划(2012—2020)》通过国家住房和城乡建设部专家审查，标志着城市轨道建设规划完成了国家审批前所有的技术审查和评估程序。2012年6月29日，轨道建设规划获得国务院批准。首期建设轨道交通1、2、3号线一期工程，按照国务院批准的《石家庄市城市轨道交通建设规划(2012—2020)》的要求，建设线路总长59.6 km，车站52座(均为地下站)。

1号线一期工程西起西王站，东至东兆通站，全长约23.9 km，设站20座，其中换乘站6座，平均站间距1.21 km，西端设张营停车场，东端设东兆通综合维修基地，规划建设年限为2012年至2017年。

2号线一期工程北起西古城站，南至嘉华站，全长约16.2 km，设站15座，其中换乘站5座，北端设西古城车辆段，南端设嘉华停车场，规划建设年限为2015年至2020年。

3号线一期工程西起西三庄站，东至位同站，全长约19.5 km，设站17座，其中换乘站5座，西端设西三庄停车场，东端设位同车辆段，规划建设年限为2013年至2018年。

3条线路分别沿城市中心区中山路、中华大街、建设大街等主干道路敷设，构建了石家庄市轨道交通的骨干网，三条线路建成后，形成“一线穿三心、二线连五城”的环形交通骨干线网，将有效解决石家庄市日益加剧的交通拥堵问题，提高市民出行效率和舒适度，使公共交通体系进一步完善。同时对协调区域性均衡发展，提高城市综合竞争力产生积极且深远的影响。

7.6.6 地铁设计思考

轨道交通线网设计对城市空间发展具有非常重要的引领作用。从宏观角度来看，它是城市交通的主骨架；从微观角度来看，它是城市交通功能人性化的载体。2010版《石家庄轨道交通线网设计》编制过程中的三个改变对城市发展产生深刻影响。

① 改变权威部门坚持的“新火车站下东西向2条线、南北向没有线”为“新火车站下东西、南北各1线十字交叉”的现方案。

② 改变铁道部工程设计鉴定中心评审及石家庄市规划建设项目审查委员会通过的“新火车站下地铁站设在东广场下”的方案为“新火车站下地铁站设在东候车室及铁路线下”，其意义：每位下火车乘地铁的客人可少走 180 m。

③ 坚持 5 号线由友谊大街转向红旗大街，其意义：不仅增加了红旗大街在南二环内外十多所学校的几十万学生客流，还使沿红旗大街从南面公路而来的赞皇县、元氏县、高邑县三县近一百万人的巨大客流避免了换乘线路多走一公里多路程。

8 城市地下储库设施设计理论与方法研究

8.1 城市地下储库的分类与布局

人类自古就有利用地下空间储藏物资的传统，例如我国劳动人民在地下储粮，欧洲劳动人民在地下储酒等。但是地下储库在近几十年内才有了大规模的发展。

瑞典、挪威、芬兰等北欧国家在近代最先发展了地下储库，利用有利的地质条件大量建造大容量的地下石油库、天然气库、食品库、车库等，近年来又发展地下储热库和地下深层核废料库。斯堪的纳维亚已拥有大型地下油气库 200 余座，其中不少单库容量超过 100 万 m^3。瑞典在二十世纪六七十年代以每年 150 万～200 万 m^3 的速度建设地下油气库，已经完成了建立 3 个月能源战略储备的任务。在瑞典的影响下，西欧、中欧一些能源依赖进口的国家，也都根据本国的自然和地理条件发展能源和其他物资的地下储库。例如法国能源的 74%依赖进口，因此法国正在建立 90 天的战略储备系统；美国的进口能源占总消耗量很大比例，故也提出了建立 1.5 亿 m^3 的石油储备计划。

我国地域辽阔，地质条件多样，客观上具备发展地下储库的有利条件。不论是战略储备，还是平时的物资储藏和周转，都有必要发展各种类型的地下储库。从 20 世纪 60 年代末期开始，地下储库建设已取得很大的成绩，已建成相当数量的地下粮库、冷库、物资库、燃油库。1973 年我国开始规划设计第一座岩洞水封燃油库，1977 年建成投产，效果良好，是当时世界上少数几个掌握地下水封储油技术的国家之一。我国黄土高原地区的大容量土圆仓储粮，其具有造价低、储量大、施工简单、节省土地等特点。

20 世纪 60 年代以前，地下储库一般仅用于军用物资与装备的储藏和石油及石油制品的储藏，且类型不多。但是在近二三十年，新类型不断增加，使用范围迅速扩大，涉及人类生产和生活的许多重要方面。到目前为止，可大致概括为图 8-1 所列五大类型。

图 8-1 中的一部分类型，如水库、食物库、石油库、物资库等，按照传统的方法都可以建在地面上，但如果有条件建在地下，能表现出多方面的优越性，因而受到了广泛重视，有的甚至已基本上取代了地面库。另一部分类型，由于使用功能具有特殊要求，建在地面上很困难，甚至根本无法实现，如热能、电能、核废料、危险化学品等，在地下建造成为唯一可行的途径，这些类型地下储库具有更大的发展潜力。

地下储库必须依靠一定的地质介质才能存在。从宏观上看，存在条件包括岩层和土层两大类，一般的地下储库都是通过在岩层中挖掘洞室或在土层中建造地下容器等构筑物来实现。随着储库使用功能的增多，地下储库的存在条件也发生变化，一方面充分利用

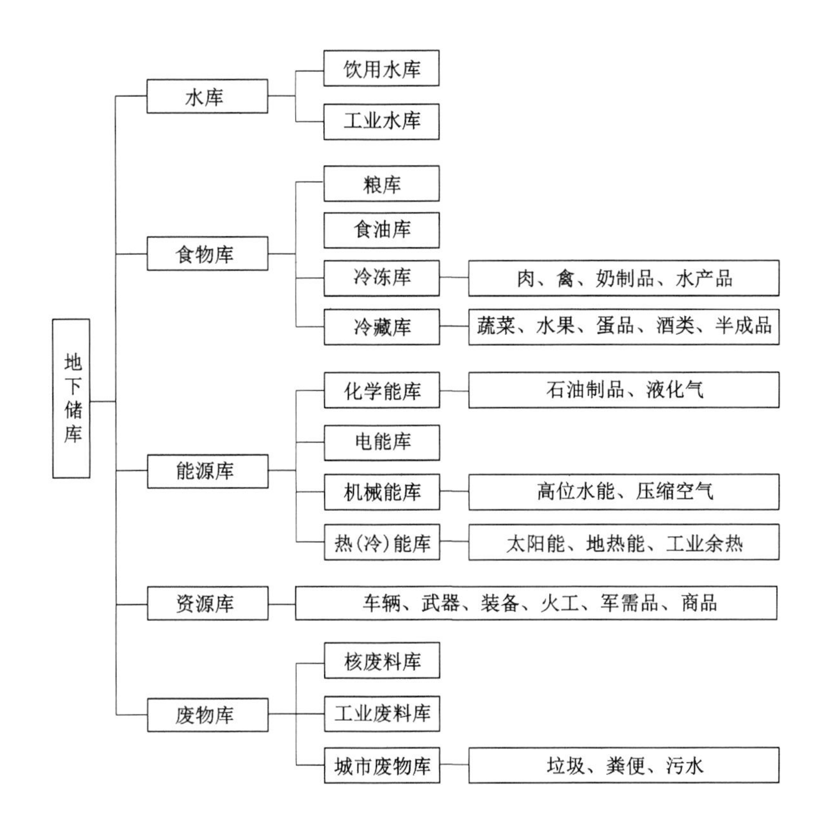

图 8-1　地下储库主要类型及使用功能

多种自然条件，另一方面通过发展某些新技术人为创造一些存在条件，以适应各种特殊类型的要求。

图 8-2 列举了目前为止在岩石与土壤两大介质中地下储库的存在条件。

已经废弃的矿井、矿坑对于储库来说，是一个现成的地下空间，只要位置、地形和空间尺寸合适，就可以适当加以改造和利用，具有规模大、造价低的特点，对于许多物资的地下储藏是一个比较理想的条件。美国堪萨斯城处于美国中部，是一个理想的物资储运点，利用地下开采石灰石后遗留下的废矿坑，大规模改建成地下储库，面积达数十万平方米。库内温度全年稳定在 14 ℃，对储藏粮食和食品十分有利，仅冷冻食品的储藏能力就占全美总储量的 1/10，是利用废矿坑建地下储库的典型实例。此外，利用废矿坑储藏原油或重油也很经济。据瑞典相关资料，这种地下油库的造价仅为人工岩洞油库的 1/4～2/3；德国和芬兰则正在研究利用废弃铁矿坑改建为核废料库的可能性。

岩盐作为一种矿物，人类开采的目的一般是为了生产食盐和某些化工原料。岩盐既具有一定的强度，又具有可塑可溶的特性，因此向岩盐中注水，将盐溶解，再将盐溶液抽出，这样就可以形成一个地下空间；不必经过挖掘就可以在其中储藏石油制品或液化气体，具有容量大、造价低、密封性能好、施工简便等特点，只要存在足够厚度的岩

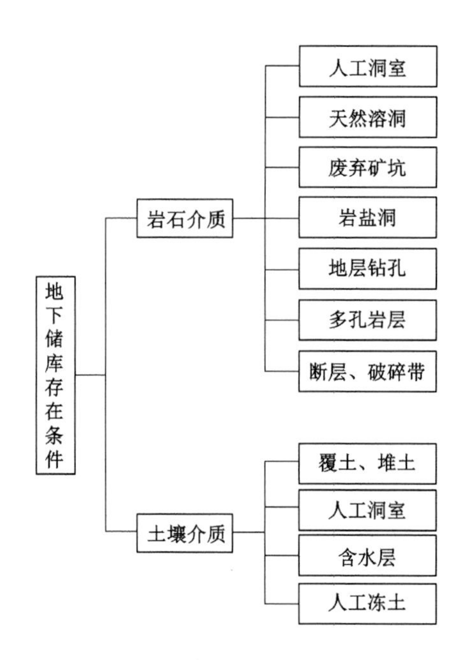

图 8-2 地下储库的存在条件

盐矿层或岩盐丘(高出地面的山体),就可以充分加以利用。在美国、法国、德国等国,由于具备这样的自然条件,大规模发展地下岩盐库用以储藏大量石油、液化气或压缩空气。美国打算在岩盐中用常规方法开挖人工洞室,在其中储藏核废料,部分挖出的盐用于回填。

土层中的含水层和岩层中的断层、破碎带具有天然的储水条件,只要加以组织和控制,就可以成为人工的地下储水库,比起人工开挖的岩洞和地面上的蓄水库,具有容量大、造价低、蒸发损失小等优点,对于处于干旱地区的发展中国家来说,建造该类地下储水库是很有现实意义的。

液化天然气要在−165 ℃:的条件下才能储藏,如果储库建在地面上,要花很高的代价解决隔热问题。在平原或沿海地区,地下土层较厚,在地下建造液化气库对于保持低温条件比较有利。

8.2 城市食物储库设计方法

食物包括粮食和各类食品,淡水主要指供饮用的水,两者都是保障城市居民生活所必需的物资。按照城市人口在一定时间内的消费量将之储藏起来,在战争和灾害情况下满足居民最低生活需求十分必要。

在地下环境中储粮的主要优点是储量大、占地少、储藏质量高、库存损失小、运行费用低、战备效益高等。

我国有些城市的郊区有山,在山体岩层中建造了若干个大型地下粮库,容量 0.5 万~

1.5 万 t,如果需要,单库容量还可以扩大。在黄土高原地区建造的土圆仓粮库,容量更大,总库容量在 5 万 t 以上的已较为普遍。我国南方一个大城市建一座储量为 1.5 万 t 的岩洞粮库,可供全市人口食用 1 个月。如果要在市内建同等规模的地面粮库,需占用城市用地 2.3 km^2。同时,地面粮库中的粮食受气候影响容易发霉变质,只能采取少、小、矮、窄的储藏方式,以便随时倒垛和晾晒,因此土地的利用率和储仓的利用率都较低;地下粮库不需倒垛、晾晒,可以增大储仓容积,提高其充满度和储库的利用率。

地面粮库如果在自然状态下储粮,昼夜温差可能在 10 ℃左右,可使粮食的呼吸作用加强,从而加速粮食变质和老化,为了减少这种情况的发生,只能经常倒垛和晾晒,这将耗费大量人力,还很难避免库存损失。如果在地面粮库采取人工降温的方法,当然可以改善储粮环境,但是要花费很高的代价,并大幅度提高储粮成本。例如,一个储粮 1.5 万 t 的地面粮库,若要改造成仓内空调,则每吨储粮需投资 150 元,使每千克粮食的储藏成本增加 0.15 元,每年还要增加能耗 63.5 万 kW·h。

我国南方地区地下粮库自然温度为 16～18 ℃,东北地区只有 12 ℃左右,温度变化幅度不到 3 ℃,很适合于粮食储藏,只要根据季节调节粮库的通风与密闭,必要时配备少量除湿机,就可以创造适宜的储粮环境。在这样的环境中储藏粮食,质量变化缓慢,在相当长时间内仍可保持新鲜,轮换期一般比地面储粮超过 3 倍左右。我国东北地区一座地下粮库,储藏 11 年的玉米、小麦经试种,发芽率仍在 85%以上。

在地面粮库,每保管 5 000 t 粮食需要 50～60 人,地下粮库省去了翻倒、晾晒等,故只需 15～20 人;地面粮库每吨粮食的保管费为 0.5 元,地下粮库仅为 0.06 元。

通过以上比较可以看出,只要具备一定的地质条件和交通运输条件,大规模发展地下储粮比在地面上具有明显的优越性,特别是在我国,地下粮库具有很大的发展潜力和重要的战略意义。

地下粮库可以浅埋在土层中,以中、小型周转库为主,兼为城市一定范围内战备粮库,如图 8-3、图 8-4 和图 8-5 所示。从粮食的储藏方式来看,有袋装储藏和散装储藏两种,图 8-6 是我国黄土地区地下马蹄形仓(又称土圆仓或喇叭仓)散装粮库示意图;图 8-7 是建在城市地下的球形钢筋混凝土散装仓粮库。图 8-8 是瑞典为埃及设计的储量为 10 万 t 的岩石中的散装粮库,布置方式与地面上的钢筋混凝土筒仓相似,共 12 个立式仓,直径 20 m、高 50 m,造价比地面筒仓粮库低 30%。

为了加大粮库的面积和充分利用空间,粮库的顶部一般都采用跨折板结构。地下粮库的设计,首先应根据储粮的总量计算出所需粮库的总面积。然后根据结构跨度和码垛、运输的方式来确定粮库的宽度。袋装粮码成的垛称为桩,有实桩和通风桩两种。实桩的粮袋互相靠紧,适用于长期储藏的干燥粮食,堆放高度可达 20 m;通风桩还有工字、井字等形式,使粮袋间留有一定的空隙以便通风,避免粮垛发热,高度一般为 8～12 m,桩的宽度和长度可按排列的粮袋尺寸和数量来确定。桩和桩之间一定要留出 0.6 m 的空隙,桩与墙之间要有 0.5 m 的距离,以方便人员通行,粮库的长度一般不会受到限制,可按储藏品种、密闭要求、管理要求等确定。

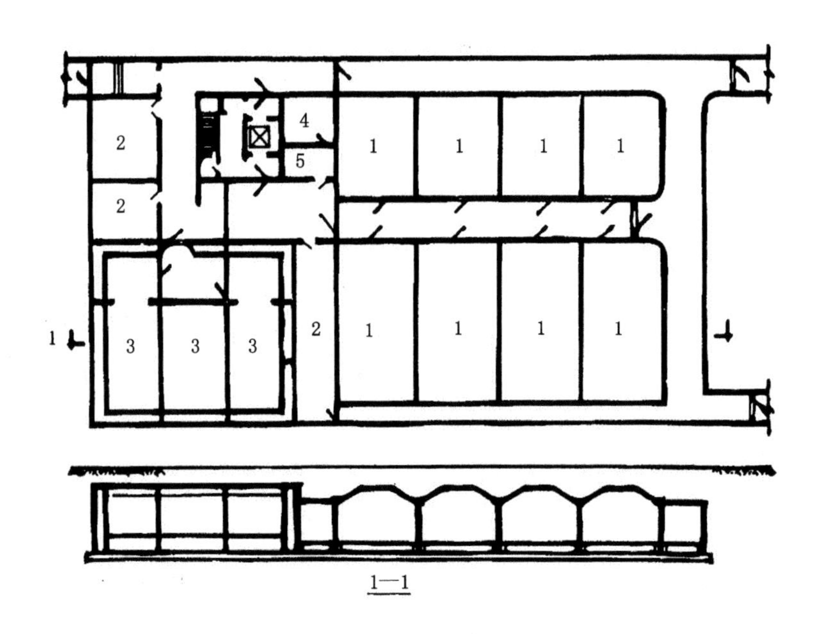

1—粮仓；2—副食库；3—冷库；4—风机房；5—值班室。

图 8-3　土中浅埋粮库例一

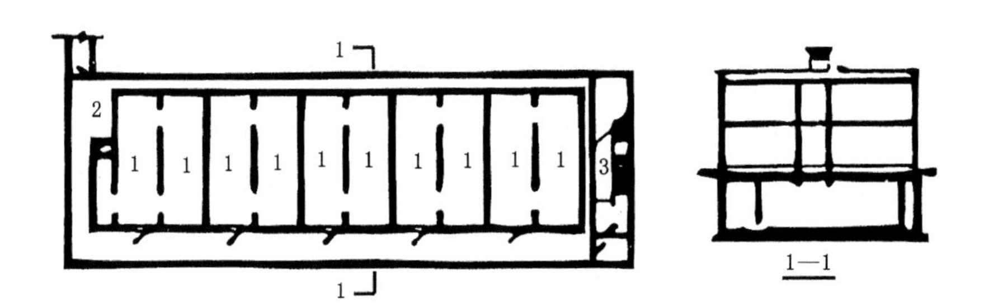

1—粮仓；2—风机房；3—胶带运输机。

图 8-4　土中浅埋粮库例二

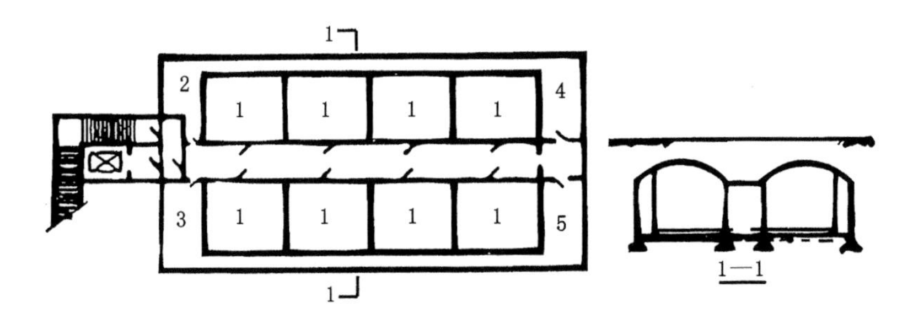

1—粮仓；2—储藏室；3—办公室；4—风机房；5—食油库。

图 8-5　土中浅埋粮库例三

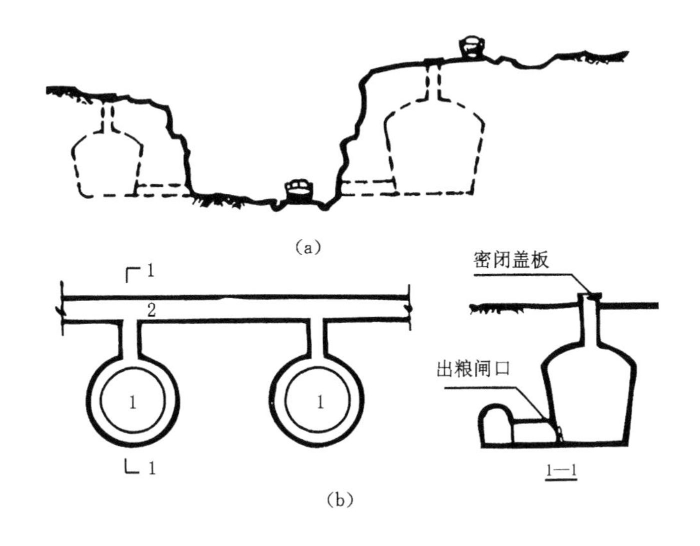

1—粮仓;2—通道。

图 8-6 黄土地区地下土圆仓散装粮库

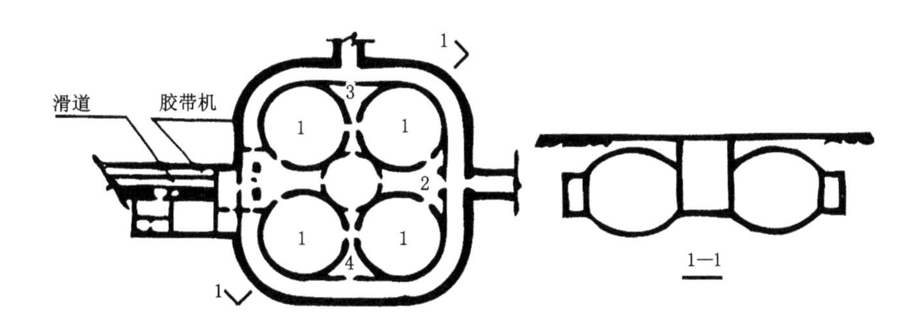

1—散装粮仓;2—通道;3,4—备用空间。

图 8-7 球形钢筋混凝土散装仓梁库

图 8-8 埃及岩石中的大型筒仓式散装粮库

8.3 地下空间石油储藏

8.3.1 地下石油储藏的必要性

地下石油储藏可以有效预防火灾、爆炸，受地震等自然灾害影响小，同时又少占地表和保护周围环境，大规模开发时还可以有效降低成本。另外，在安全保护的条件下对石油等液体燃料进行战略储藏，对于在未来战争中取胜，保存战争潜力和保持高昂士气，加快战后恢复都是绝对需要的。液体燃料如果储藏在地下，可以实现安全储藏，即使受到破坏，次生灾害也不易蔓延，可以大幅度减轻灾害损失。同时，液体燃料是一种易于在地下实行防护的物资，也易于隐蔽和伪装，受到攻击和破坏的概率相对较低。如果将车辆运输改为全部地下管道运输，安全程度还可提高。此外，地下储藏还有损耗小、污染轻等优点。美国和欧洲国家的石油战略储备库大多数建立在地下。

总之，液体燃料作为战备物资，应当完全排除地面储藏，而应采取地下储藏，再根据不同条件采取必要的防护和伪装措施，储藏的安全才是有保障的。

8.3.2 地下石油储藏的地质条件

8.3.2.1 欧美等国地下石油储藏基地的岩体地质条件

欧美等储油国家主要有瑞典、挪威、芬兰、德国、加拿大以及美国等。这些国家的地质条件比较稳定，如瑞典、挪威、芬兰等国家大多数岩层为早期寒武纪的花岗岩层。总结这些国家储油的岩石种类主要为花岗岩类、变质岩类、火山岩类和沉积岩类(表 8-1)。从地质学角度来分析，其储藏石油的岩层主要有：① 地盾区岩体；② (地下)岩盐地层；③ 其他(早期的沉积岩地层、碳酸盐地层等)。

表 8-1 世界主要地下石油储备的岩体特征

岩层类别		地质年代	使用情况	储藏物	储藏方式
深成岩类	花岗岩、花岗闪绿岩	古生界(美国)、早期寒武系(瑞典、挪威、芬兰)	美国 21 所以上，瑞典 6 所以上，挪威 3 所，芬兰 2 所	原油、重油、LPG、汽油、轻油、LNG	以水平无覆盖放置为主，也有房柱式和列式
	闪长岩	早期寒武系(挪威)	挪威 1 所以上	原油、汽油	水平无覆盖式
变质岩类	片麻岩(花岗片麻岩)	早期寒武系(瑞典等北欧国家)	瑞典 40 所以上，芬兰 1 所以上，挪威 2 所以上，法国 1 所	原油、重油、轻油、柴油、汽油、LNG	以水平无覆盖放置为主，部分列式
	结晶片岩类	古生界(挪威)	挪威 1 所，美国 2 所以上	原油，LNG	水平圆筒(挪威)和列式(美国)
	辉绿岩	早期寒武纪(芬兰)	芬兰 1 所	石油	水平无覆盖式

表 8-1(续)

岩层类别		地质年代	使用情况	储藏物	储藏方式
火山岩类	流纹岩或含流纹岩的凝灰岩	瑞典、美属波多黎各岛等	瑞典 1 所,美属波多黎各岛 1 所	汽油(瑞典)	水平无覆盖式
沉积岩类	岩盐等盐类岩(岩石膏、石膏等)	古生界(美国、加拿大、德国、英国)、新生代第三纪(法国)	美国 100 所,加拿大 9 所,法国 4 所	LPG、天然气体、原油、重油、汽油、凝固浓缩油	熔掘洞室(房柱式)
	页岩(泥炭岩)	古生界(美国)	41 所以上	LNG	水平房柱式
	砂岩		瑞典 1 所	重油	水平无覆盖式
	砂岩、页岩互层	古生界(南非、加拿大、法国、美国)	南非、加拿大、法国各 1 所,美国 1 所以上,日本多所	柴油、重油、原油	旧坑道和列式
	石灰岩	古生界(美国)、中生界(法国)	美国 13 所以上,法国 2 所	LPG	水平房柱式
	白垩石灰岩	中生界(法国、美国)、第三系(以色列)	法国 1 所,美国 4 所以上,以色列 1 所	重油、LPG、原油	水平无覆盖式
	砂、砾、黏土等未固结层	中生界(法国、美国)	英国 1 所,阿尔及利亚 1 所,日本 4 所以上	LNG、重油等	

(1) 地盾区岩体

地盾是在早期寒武纪形成的常用于表示古老地层和稳定地层区域的地质术语。瑞典、挪威的岩体和芬兰的东部地区属于波罗的海地区的地盾区域。地盾区域的岩石主要有花岗岩、花岗闪绿岩、片麻岩、辉绿岩等,是由早期寒武纪时期的深成岩变化而成,由非常坚硬和致密的岩石组成。该类岩石的抗压强度一般在 2 000 kg/cm^2 以上,弹性波速度为 4.5～5.5 km/s。

该类岩体中的储藏方式大部分为水平布置,隧道的断面宽一般为 20 m,高为 30 m 左右。在北欧的瑞典、挪威、丹麦和冰岛,大部分地下石油主要储藏在这部分岩体中,见表 8-1。其中瑞典在花岗岩和花岗闪绿岩中就有 6 所石油主要储藏基地,片麻岩中有 3 所,大部分都在1×10^9 L 以上。芬兰在花岗岩中有 1 所和辉绿岩中有 3 所,均为 3×10^8 L,挪威花岗岩中有 1 所和花岗闪绿岩中有 2 所。以上均为水平布置,芬兰在片麻岩中也有立式布置的。

(2) 岩盐地层

美国大多数地下石油储藏基地均在该地层中布置。美国中南部油田地区的古生代岩盐地层比较发育。由于岩盐地层中的硬石膏与砂岩和泥岩层之间的堆积，导致其自身具有较大的塑性。由于该类岩体中的盐遇水溶解，因此岩盐地层内含有大量的空洞以便于石油地下储藏。美国利用这种方法储藏石油的就有 300 所以上，其中有 100 所以上储藏规模在 2×10^{10} L 以上，此外德国和法国也有许多采用这种方法储藏石油的基地。

(3) 其他

其他岩层主要是沉积岩较多。除沉积岩层以外，瑞典和德国各有 1 所在火山岩中。沉积岩层主要是砂岩类碎屑沉积物和石灰岩类的碳酸岩盐。

在碎屑沉积物中使用的国家主要有美国、法国、加拿大和南非等，这些几乎都是在古代的页岩、砂岩岩层中使用。

在碳酸盐岩层中，法国和美国主要在古生代中的石灰岩中使用，中生代石灰岩中使用得不多，法国和美国曾在白垩系石灰岩中做了一些试验。一般石灰岩的产地不同，其物理性能差别也较大，其强度一般为 1 000～2 000 kg/cm^2。

欧美等国家是古生代碳酸盐岩层丰富的地区，一般均为厚而稳定的地层，十分有利于地下石油储藏。

8.3.2.2 日本地下石油储备基地的岩体地质条件

日本是一个石油完全依靠进口的国家，该国在 1975 年就制定了《石油安全储备法》，要求能够满足 70～90 天的石油消耗量作为保有储备量，即计划 3×10^{10} L 的储备量。该计划在 1982 年已达到 1×10^{10} L，1989 年 3 月达到 3×10^{10} L 的储备规模，实现了石油储备计划。为此，日本共建了 10 个石油储备基地，分别为地上 4 个基地(苫小牧、小川原、福井、志布至)、海上 2 个基地(上五岛、白岛)、半地下 1 个基地(秋田)、地下 3 个基地(串木野、菊间、久慈)。上述 10 个基地分布在以下区域：1 个在四国地区、3 个在九州和附近海域地区、1 个在北陆地区、2 个在东北地区、1 个在北海道地区。

(1) 日本地下石油储备基地概况

日本地下石油储备基地的建设采用政府和民间集资的形式，其中政府占 70%，民间占 30%，并在 1986 年就成立了资本为 100 亿日元的日本地下石油储备株式会社，该会社当初是以日本矿山金属资源开发株式会社为基础成立的，负责上述地下 3 个基地的设计和施工，并于 1993 年全部正式完成。表 8-2 列出了 3 个地下储备基地的概况。

表 8-2 日本地下石油实施概况

项目		久慈基地	菊间基地	串木野基地
占地面积/km^2	地上部分	约 6	约 10	约 5
	地下部分	约 26	约 15	约 26

表 8-2(续)

项目			久慈基地	菊间基地	串木野基地
储蓄设施	储备容量/10^7 L		175	150	175
	储藏器的布置形式		水平式水封储藏	水平式水封储藏	水平式水封储藏
	下部水床方式		固定水床式	固定水床式	固定水床式
	储藏压力/kPa		−10～40	−10～40	−10～40
	水封方式		人工水封	人工水封	人工水封
	地下埋深	距海平面/m	约 20	约 35	约 20
		距地表/m	>100	>65	>100
	宽×高×长/m		18×22×(1 100～2 200)	20.5×30×(1 030～1 313)	18×22×(1 100～2 220)
	单洞储藏量/(×10^7 L/单位)		34.3～69.0	58.6～76.3	34.7～69.3
	单洞数量		3	2	3

(2) 日本 3 个地下储备基地的地质情况分析

① 久慈基地。该基地的地下石油储藏地基岩层为白垩系前期的花岗岩地层。该花岗岩表面含有 50 m 厚的强风化岩层，地区南部含有东西切割的白垩系后期沉积岩断层岩体(砂岩、砾岩等)，表面为第四系未固结沉积岩层。储藏设施遇到的花岗岩新鲜断面为暗灰-桃色，坚硬致密，岩体裂隙发育。

② 菊间基地。该基地的地下石油储藏地基岩层为白垩系后期的花岗岩地层，呈现全晶质、粗粒状，含有石英、长石、斜长石、黑云母及角闪石等矿物。新鲜面可见青灰-灰色，坚硬、致密。岩体含裂隙少。含有断层黏土和断层角砾岩，并有小规模的断层运动。

③ 串木野基地。该基地处于串木野金银矿床地层中。其构成的岩石主要为早期和晚期安山岩类，有破碎状的安山岩，也有凝灰状的角砾岩、砾岩等。

8.3.2.3 石油地下储藏基地的岩体地质条件分析

石油地下储藏的主要形式如图 8-9 所示，其储藏方式与地质类型如表 8-3 所示。

表 8-3 储藏方式与地质类型对应表

项目 \ 地质类型	Ⅰ	Ⅱ
合适的储存类型	A、B、C	D
合适的岩层	古生界开始到第三系下部地层(包含火成岩类)	第四系沉积岩类
岩体面积	除断层和破碎带之外，完整岩体面积达到 15 km^2 以上	
备注	第四系火成岩、蛇纹岩、变质岩除外	

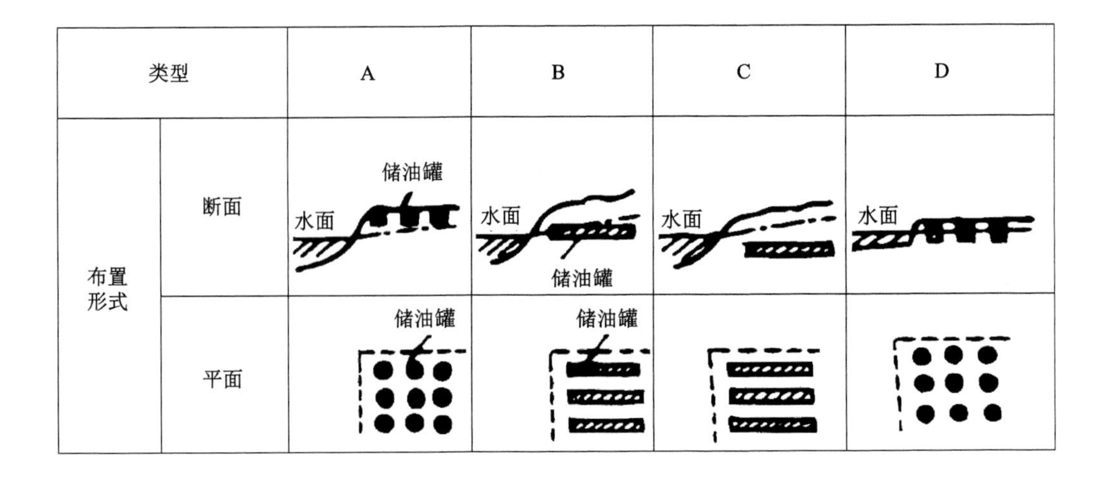

图 8-9　石油地下储藏的主要类型

A 为列式储油罐布置形式，处于地下水位线以上岩层；B 为水平式储油罐布置形式，一般在地下岩层中开挖隧道，内支护为钢板和钢筋混凝土；C 也为地下水平式储油罐形式，但其采用水封原理；D 与 A 型一样采用圆形断面开掘，采用钢筋混凝土和钢板支护，列式布置。A 一般可布置在第四纪松软地层中。A 和 D 相同的地方就是全部或部分位于潜水位以上及半地下式布置形式。

D 型储藏可以考虑列式和水平布置，该型储藏如果布置在软弱岩层中，还要考虑地基承载力的验算。如果遇到冲积层，应考虑在地面平坦的地区布置。

这里的硬质岩层是指岩体中的弹性波传播速度达 3.0 km/s 以上，岩石的单轴抗压强度为 3.92×10^4 kPa 以上。

地质条件主要考虑以下几个方面：

① 地层的不连续面(断层、破碎带等)；

② 地质构造和岩体规模；

③ 岩石的种类；

④ 地质年代；

⑤ 岩层的物理性能。

地理条件主要考虑具有大型油船停泊的港湾，地形不要太陡峭等。

8.3.3　水封式储藏的基本原理

岩洞水封油库的地下储油区由在岩层中开挖出的洞罐、操作通道、操作间、竖井、泵坑以及施工通道等组成，必要时还有人工注水廊道。各部分的名称、位置和相互关系如图 8-10 所示。

地下水封石洞油库的洞室一旦形成，围岩中的水便流向洞室，在洞室周围形成降水漏斗，当向洞室注入油品后，降水曲线就会随着油面上升逐渐恢复，如图 8-11(a)所示。此

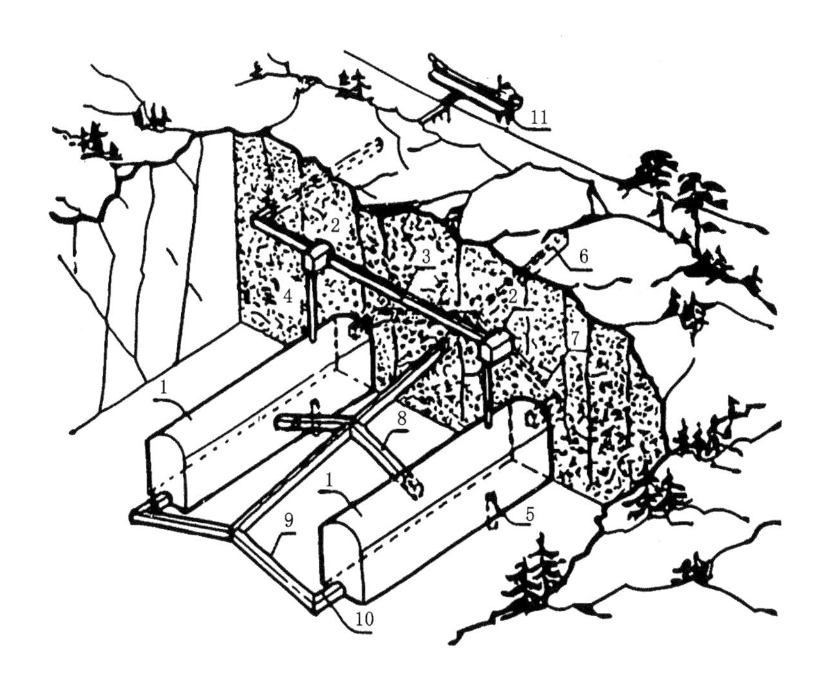

1—洞罐；2—操作间；3—操作通道；4—竖井；5—泵坑；6—施工通道；7—第一层施工通道；
8—第二层施工通道；9—第三层施工通道；10—水封挡墙；11—码头。

图 8-10 岩洞水封油库的地下储油区透视示意图

时，在洞罐壁石上存在压力差，且在任一高度上水压力均大于油压力，如图 8-11(b)所示。根据洞罐内水垫层的厚度是否固定可分为两类储油方法，如图 8-12 所示。

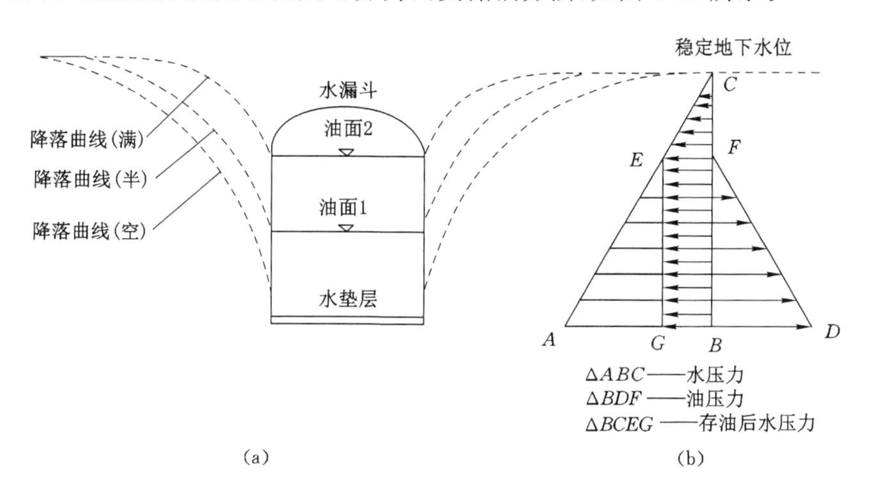

图 8-11 岩洞水封油库原理

岩洞水封油库储油方法见表 8-4。

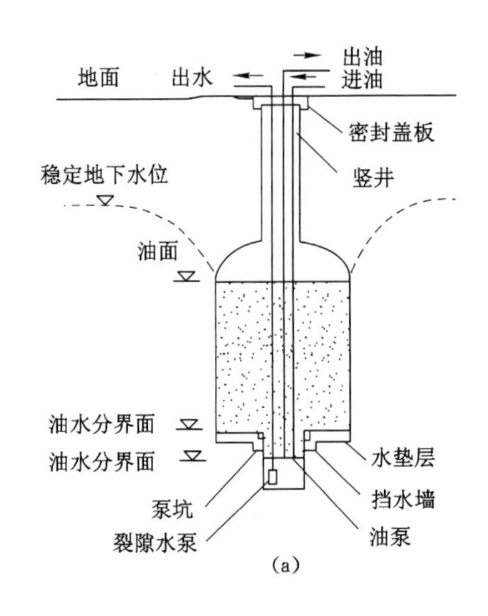

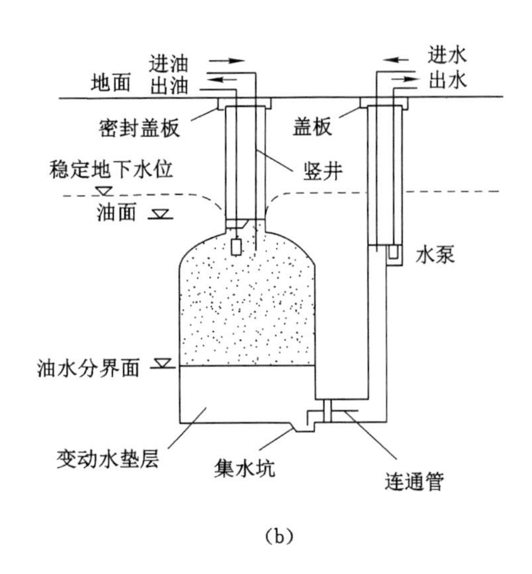

图 8-12　岩洞水封油库储油方法

表 8-4　岩洞水封油库储油方法

方法	说明	优缺点
固定水位法	洞罐内的水垫层厚度固定(0.3～0.5 m),水面不因储油量而变化,水垫层的厚度由泵坑周围的挡水墙高度控制,水量过多时水漫过挡水墙流入泵坑,水泵由水面位置自动控制	固定水位法不需要大量注水和排水,运营费用低,但油面低时上部空间大,除油品会挥发损耗外还存在爆炸危险。储藏原油、柴油、汽油比较适用
变动水位法	洞罐内底部水垫层的厚度不固定,是随储油量变化的,油面位置固定在洞罐顶部。储油时,随进油随排水,抽油时,边抽油边进水,罐内无油时则被水充满。泵井设置在洞罐附近,利用连通管原理进行注水和抽水	变动水位法的优缺点与固定水位法相反,由于是利用水位调节洞罐内的压力,因此对于航空煤油、液化气等要求在一定压力下储藏的液体燃料比较适用

8.3.4　水封式储藏的适用条件

如果采用图 8-9 中的列式布置,由于岩层坚硬,大部分内壁一般裸露而不需支护,一般应具备的条件如下：

① 由于储藏的石油比水轻,水不易溶解。

② 因为要在地下水位下布置水平隧道,必须有稳定的地下水位。

③ 应考虑开凿的隧道尽量少支护,经济上合理。尽量选择在断层、节理、层理面少和均质的岩层中。

一般情况下地下石油储藏单个洞室约宽 20 m、高 30 m、长 200 m,储藏容积约为 1×

10^5 m^3。北欧的石油储藏基地容量一般为 $5\times10^8\sim1\times10^9$ L，最大的储油基地容量为 $1\times10^9\sim4\times10^9$ L。油的重度为 0.75～0.9 kN/m^3，取重度 0.9 kN/m^3，1 000 L 的石油相当于 1.1 m^3的体积。对于 1×10^9 L 的石油储备基地来说，如果采用上述单独洞室，需要 10 条隧道来储藏其 1×10^9 L 的石油。对于 1×10^9 L 的石油储藏基地，一般要求具有 15 km^2的稳定地层来满足地下隧道的布置。

北欧国家采用水封式的岩层，主要是早期寒武纪时期的非常坚硬、致密的花岗岩类岩层。如瑞典、芬兰的大部分和挪威的部分储油基地都是 10 亿～20 亿年前的早期寒武纪的岩层。欧洲大陆储油基地主要是在石灰岩、碳酸盐中的白垩岩层中布置的水封式储油基地。

因此，一般情况下建造水封式地下石油储藏库，应具备以下条件：

① 岩石完整、坚硬，岩性均一，地质构造简单；

② 在适当深度有稳定的地下水位，且水量又不是很大；

③ 所储藏的油品密度小于 1×10^3 kg/m^3，不溶于水，并且不与岩石或水发生化学作用。

只要符合这三个基本要求，任何油品或其他液体燃料都可以用这种方法在地下大量、长期储藏。图 8-13 为地下石油储藏模型图。

图 8-13　地下石油储藏模型图

对于计划进行石油储藏的地区需要进行以下几个方面的地质调查：

① 地层的地质构造；

② 岩体的一般物理指标（强度、弹性波传播速度和变形系数）和不同岩层分布；

③ 断层分布情况（包含活断层）；

④ 周边以往的地震史和地应力；

⑤ 地下水位分布情况。

8.4 城市地下冷库设计

8.4.1 冷库设计的要求

冷库被用于在低温条件下储藏食品，在规定的储藏时间内使食品不变质，并保持一定的新鲜程度。按照经营性质，食品冷库可分为生产性冷库、分配性冷库和零售性冷库。按照所需要的储藏温度，可分为高温冷库（又称为冷藏库，库温在 0 ℃左右，主要用于蔬菜、水果等的短期保鲜）、低温冷库（又称冷冻库，库温 −2～−30 ℃，用于储藏各种易腐食品，如肉类、禽类和水产品等）。按照冷库规模，可以分为小型（储量 500 t 以下）、中型（储量 500～3 000 t）和大型（储量 3 000～10 000 t 和 10 000 t 以上）。

地下冷库多数建在山体岩层中，小型到大型都有。在城市土层中建造小型地下冷库有一定优势，建大型的则比较困难，造价也较高，但如果在地面多层冷库附建地下室，在地下室部分布置温度最低的库房也是比较有利的。

图 8-14 中的几个中型岩洞冷库，单个洞室跨度 5～8 m，长 30～40 m，长宽比大于 7。华北地区一座大型岩洞冷库的跨度为 8 m，洞长达 138 m，长宽比达 17，其散冷面积很大，能耗增加。因此，应当在地质条件允许与结构合理的前提下加大洞室跨度，减小长度。挪威一座岩洞冷库，库容积为 11 000 m^2，只有一个大洞室和一条短通道；洞室跨度为 20 m、长 57 m，长宽比仅为 2.8，如图 8-15 所示。瑞典的一座分配性冷库，储藏包装好的冷食品，库容积为 16 000 m^2，扩建后增加 1 倍；洞室跨度为 20 m、长 100 m，长宽比为 5，平面布置如图 8-16 所示。

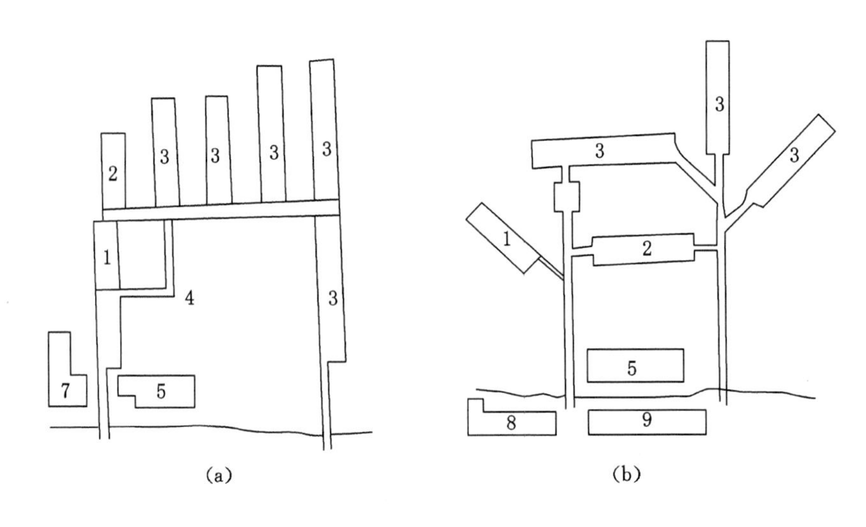

1—冷却储藏库；2—冻结间；3—冻结储藏库；4—穿堂；5—冷冻机房；6—制冰间；7—变配电间；8—屠宰加工间；9—办公室。

图 8-14 分散布置的中型岩洞冷库

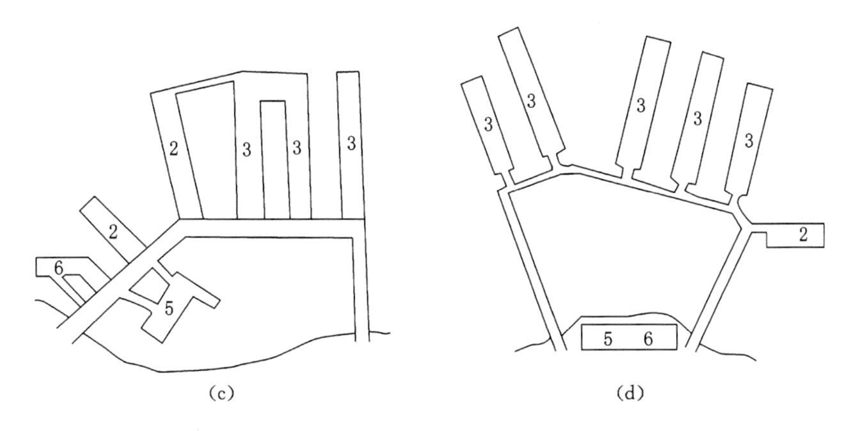

图 8-14(续) 分散布置的中型岩洞冷库

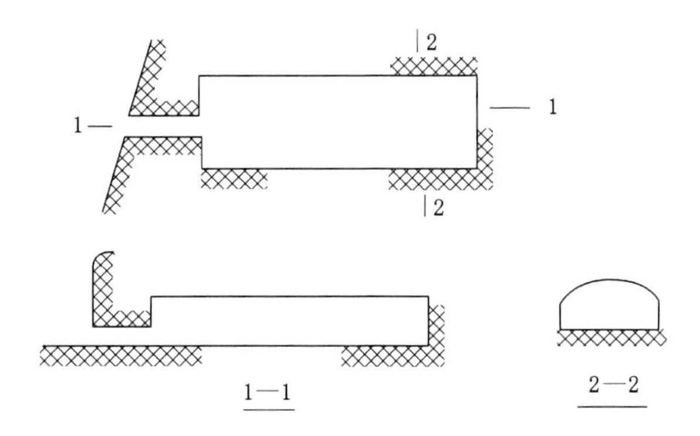

图 8-15 挪威地下冷库

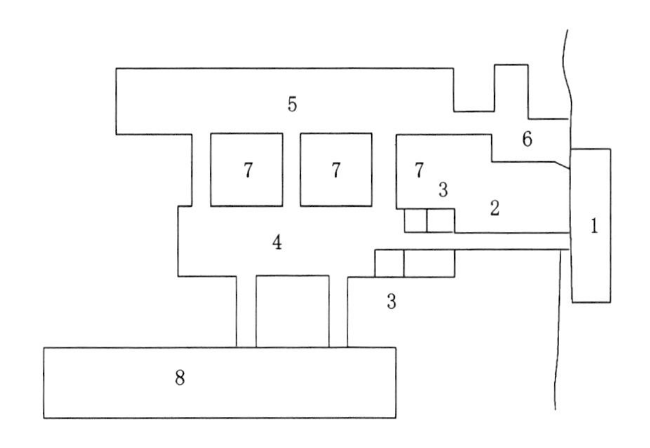

1—办公楼;2—入口通道;3—工作间;4—转运间及车库;5—冻结储藏库;6—冷却储藏库;7—前室(穿堂);8—扩建部分。

图 8-16 瑞典地下冷库

地下冷库可建在岩石或土中，有单建或附建式冷库两种类型。

8.4.2 地下冷库平面布置和横断面设计

地下冷库的平面布置形式除了要做到因地制宜、生产流程合理、缩短运输及供冷管线之外，还必须将功能使用和制冷工艺的要求结合起来考虑，使之既经济、可靠，又安全、适用。平面应尽量设计方正，以减少库体在水平方向上的传冷量，而且最好布置成“目”字或“田”字形，如图8-17所示。同时，在保证岩体稳定的条件下，尽量缩小两洞库的间壁厚度，使储库冷藏间集中，以减少耗冷量。在保证工艺使用要求的前提下，主库洞轴线要力求与岩体的结构面垂直。特别应该注意的是，要将主库的轴线方向与大的构造断裂线的方向重合。

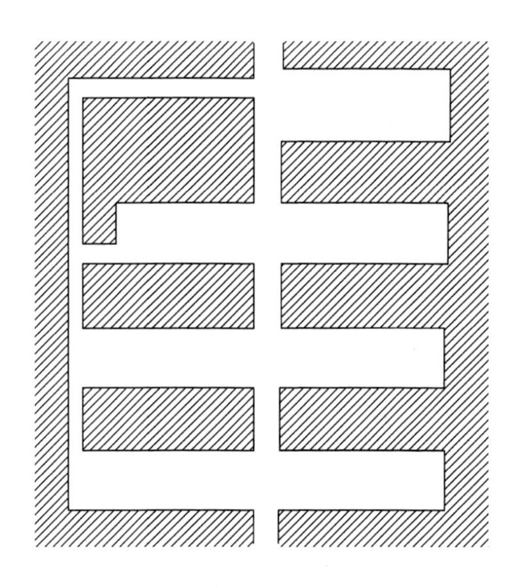

图8-17 冷库平面布置示意图

对于洞库储藏间的尺寸，生产使用的实践和热工理论计算的结果表明，大间库房的洞壁耗冷量比同样库温的小间库房洞壁的耗冷量要小。因此，洞体宽度在一般情况下以不小于7 m为宜。冷藏库房净高的确定，应考虑表8-5中列出的因素。冷藏库房洞体的高度以6～7 m为宜。

表8-5 冷藏库房净高确定因素

序号	确定因素
1	储品的堆放高度(人工堆放，以4～5 m计)
2	储品距供冷设备(排管)的距离(一般为0.2～0.3 m，如果在拱顶采用拱形顶排管，取较大值)
3	供冷设备距洞顶的距离(当洞顶为平顶时可取0.3 m，为半圆拱或三心圆拱；库内全部采用平排顶管，则取1.5～2.5 m)
4	供冷设备本身的高度

8.4.3 地下冷库的结构设计

由于地下冷库大多数为深埋式，从受力条件出发，一般为直墙拱顶结构，拱轴线形状应力求简单，以便于施工，同一跨度的拱轴线应该相同，并局部加筋以适应不同的地质条件。

衬砌结构常用形式有锚喷结构，砖、块石贴壁衬砌结构，离壁式现浇混凝土衬砌，厚拱薄墙现浇混凝土衬砌（半衬砌），贴壁直墙式现浇混凝土衬砌和装配式钢筋混凝土衬砌等。现在已普遍采用锚喷结构，使造价有所降低。

8.5 其他用途的地下储藏设施

除了以上介绍的地下石油储藏、地下冷库外，还有一些其他用途的储藏也比较适合规划到地下。

8.5.1 地下粮食库

粮食的储藏是指采用各种手段确保储粮的食用品质和遗传品质，这取决于温度、湿度、氧气的控制等，尤其是温度和水分。粮食储库的基本要求是使粮食保持一定的新鲜度，防止霉烂变质和发芽，防止虫害和鼠害，把库存损失降到最低。据介绍，粮食储藏的最适合条件：温度为 15 ℃左右，相对湿度为 50%～60%，而地下储粮可以用较少的投资即可满足上述条件。

大量的实践表明，地下储粮有以下优点：

① 储粮品质好，稳定性强；

② 虫霉繁殖少，损耗降低；

③ 管理方便，不必翻仓。

其不足之处是目前地下粮库的一次性投资较高和缺乏对其内部环境参数的监测手段。

地下粮库有大型的战略储备库，多建于山区岩层中，储量较大；也有建在城市地下空间中的中、小型周转库，根据平时使用和战时储粮要求进行布局。此外，根据粮库的规模和经营性质，可安排必要的粮食加工业务，布置在地下粮库的地面库区内。

我国一些城市相继建立了一些地下粮库。如内蒙古赤峰元宝山国家粮食储备库始建于 1976 年，在地下粮仓的建设和管理工作上取得了一定经验。杭州 803 地下粮库始建于 1970 年，1980 年 3 月进行装修，1984 年一期工程竣工并投入使用，二期工程于 1991 年开始扩建，三期工程目前正在建设。青岛第一粮库于 1971 年开始动工兴建，1983 年 10 月竣工投入使用，是当时青岛市最大的平战结合库，总建筑面积 10 504 m^2，总容量为 10 000 t，特供青岛市战时军需民食。浙江温州粮食物流中心，2004 年获得国家人防办批准立项，在山体中开挖建设粮食散装库，主要仓库为立式，筒库上面机械输送进粮，下面自流出粮，总投资概算 1 亿元，征山地面积 0.67 公顷，总用地 11.8 公顷，总建筑面积 17 712 m^2，是一项平战结合的战备工程。

8.5.2 地下水库

地下蓄水就是把水蓄在土壤或岩石的孔隙、裂隙或溶洞里，用水时再将水顺利地取出来。地下储水的方式有以下几种：

① 把水灌注于未固结的岩土层和多隙的冲积物中，包括河床堆积、冲积扇及其他适合的蓄水层等；

② 把水灌注于已固结的岩层中，例如能透水的石灰岩或砂岩蓄水层等；

③ 把水灌注于结晶质的岩体中；

④ 把水储藏于人工岩石洞穴或蓄水池里。

由于地下水库工程简单，其投资相对地面水库要小得多，且不占农田，水的蒸发量小，因此地下水库的研究已引起国内外学者的重视。欧美发达国家现在已经基本放弃了修建地表水库来储备水资源的传统做法，而是越来越多地利用地下含水层广阔的空间建立"水银行"来调节和缓解供水。实践证明，包括地表入侵和井灌的人工补给是一种可行的、费用低廉的解决供水的方法。它一举多得：储备地下水，在水短缺的时候提供水量满足用水需求；控制由于地下水位下降引起的海水入侵和地面沉降；提高地下水位，减少地下水的抽取费用；维持河流的基流；通过土壤中的细菌作用、吸附作用和其他物理、化学作用改善水质；通过处理后的污水入渗来实现污水的循环再利用，以管理不断增加的大量污水；最重要的是保护了生态环境。瑞典、荷兰、德国、澳大利亚、日本、伊朗等国都在实施地下水人工补给，以解决国内水资源短缺问题。美国实施"含水层储存与回采技术(ASR)工程计划"，该系统是一套补给钻孔系统。我国已实施地下水库调蓄工程，如北京西郊、山东龙口、大连旅顺等地都已经修建了地下水库。

8.5.3 地下核废料库

随着原子能技术的研究和应用，原子能电站的数量不断增加，发电量所占比例越来越大，但如何处理和储藏高放射性的核废料是亟待解决的问题。由于地下空间的密封性好，并有良好的防护性，自然会被人们所关注。地下核废料储藏库大致可分为两类：

① 储藏高放射性废物，一般构筑在地面以下 1 000 m 以下的均质地层中。

② 储藏低放射性废物，大多数构筑在地面以下 300～600 m 以下的地层中。

由于储藏要求高，必须在库的周围进行特殊构造处理，以防对外部环境和地下水造成污染。在库址的选择上，要通过仔细勘探和选择最佳地层后才能最终确定，保证数千年将核废料严密封存在地下，不至于影响生态环境。

8.6 案例分析

挪威特隆赫姆对地下储藏洞室的规划和利用非常好。该市位于尼德河和特隆赫姆峡湾的交合处，是挪威第三大城市。受斯堪的纳维亚半岛地质构造条件的影响，特隆赫姆地形起伏较大，市区群山环抱，周边最高海拔为 551 m(图 8-18)。特隆赫姆冬季漫长，气温较低，为满足市区人口的生活用水、能源、食物等要求，在城市周边规划了一系列地下储库，主要包括地下石油储库、地下饮用水库、地下食品冷库和地下污水处理厂。

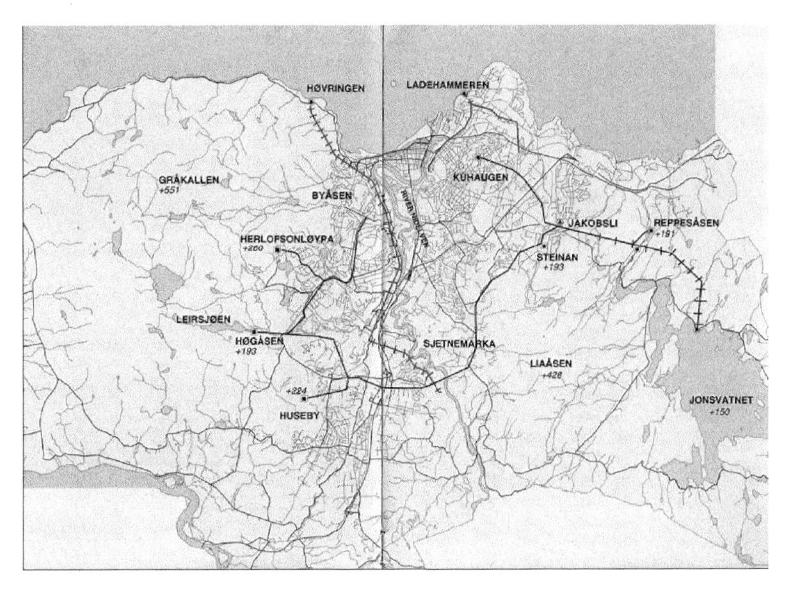

图 8-18 城市地下污水收集隧道

以特隆赫姆的地下水库为例，通过修建水工隧道将城市周边海拔较高的淡水湖泊里的水先输送到城市近郊的地下储水洞室，然后再通过隧道和管道输送将饮用水提供给市区居民使用。从图 8-18 可以看出，围绕特隆赫姆市区规划建设了多座地下储水洞室，输水隧道基本包围城市核心人口聚集区，从而满足市区各个方向的用水需求。此外，图 8-18 还给出了特隆赫姆水源位置、Jonsvatnet 湖、往市区输水的隧道、储水洞室和地下水库位置。图中也给出了地下污水采集隧道和地下污水处理厂的位置。图 8-19 是该地区某地下储水洞室出口及检修维护区照片，图 8-20 是特隆赫姆地下污水处理厂的工作照片。

(a) 输水管道及挡水墙检查楼梯

(b) 挡水墙和隧道顶部防水涂层

图 8-19 地下饮用水库输水出口

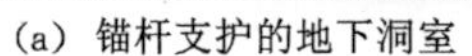
(a) 锚杆支护的地下洞室

(b) 地下污水处理池

图 8-20 地下污水处理厂

9　地下空间与城市防灾减灾关系研究

9.1　城市灾害的特点

近年来世界各地城市灾难不断上演，各种灾害不断侵害着人类的生存环境，从某种意义上来说，城市历史就是一部防御灾害的历史，随着城市化进程而愈发明显。

城市灾害按成因可分为两大类——自然灾害和人为灾害。自然灾害包括气象灾害（又称为大气灾害，如干旱、洪涝、风暴、雪暴等）、地质灾害（又称为大地灾害，如地震、海啸、滑坡、泥石流、地陷、火山喷发等）和生物灾害（瘟疫、虫害）；人为灾害包括主动灾害（如战争、恐怖袭击、故意破坏等）和被动灾害（意外事故，如火灾、爆炸、交通事故、化学泄漏、核泄漏等）。

9.1.1　城市灾害的类型

我国城市面临的自然灾害主要是震灾、洪灾和风灾，人为灾害主要是交通事故、火灾、爆炸和化学事故，近年来又增加了恐怖袭击。

(1) 震灾

我国位于环太平洋地震带与欧亚地震带交界处，是世界内陆地震频率最高、强度最大的国家之一，国内地震带分布广泛。现在全国基本烈度 7 度（可造成明显破坏）及以上的地区占国土面积 32.5%，6 度以上的占 79%，有 46%的城市和许多重要矿山、工业设施、水利工程面临地震的严重威胁。1976 年的唐山大地震，伤亡人数数十万，整个唐山市瞬间从地球上消失，还波及天津、北京。2008 年的四川汶川地震，伤亡人数也达数十万。

(2) 洪灾

洪灾一直是很多城市需要重点防御的自然灾害之一。目在我国江河流域内有 100 多个大中城市，这里聚集着全国 50%的人口，工农业总产值占全国 70%，其中大部分城市的高程处于江河洪水的水位之下，其中 65%以上的城市设施不能满足 20 年一遇洪水标准。除江河溃堤造成的洪灾外，城市内涝的危害也不容忽视，近些年城市的洪涝灾害越发严重，甚至造成了重大损失，例如 2012 年 7 月 21 日，北京及其周边地区遭遇 61 年来最强暴雨及洪涝灾害，造成 79 人死亡。根据北京市政府举行的灾情通报会的数据显示，此次暴雨造成 10 660 间房屋倒塌，160.2 万人受灾，经济损失达 116.4 亿元。此外，沿海城市还要面临风暴、潮汐的威胁。水灾是发生最为频繁、影响范围最广、造成损失最为严重的自然灾害之一，然而多数城市的防洪抗洪能力却相当薄弱，这种状况如不能逐步改变，将成为国民经济的沉重负担，会给人民的生命财产造成巨大损失。

（3）风灾

台风及由之引起的暴雨、巨浪、风暴潮等对我国人口密集、经济发达的沿海城市造成严重危害，经济损失严重。我国的海岸线长达1万多公里，几乎全部朝台风可能登陆的方向，其中东南沿海一带更为集中，每年都发生不止一次。台风的影响范围虽不及洪水大，但是对于正面承受台风袭击的城市来说，仍将遭到严重破坏。虽然风灾的预报已经比较准确和及时，但如果城市抗灾能力脆弱，即使有几天准备时间，也难以避免遭受巨大损失。

（4）人为灾害

在没有发生自然灾害的情况下，城市中经常发生的人为灾害，如火灾、爆炸、交通事故、化学泄漏等，都会不同程度造成破坏和生命财产的损失，如果人为灾害与自然灾害同时发生，则破坏更为严重。

9.1.2 城市灾害特点

城市灾害与地理位置、聚集程度和发达程度有关，只是随着灾害类型、严重程度和抗灾能力上的差异，在受灾规模、损失程度、影响范围、恢复难易程度等方面有所不同，但是城市具有以下共同点：

① 对于高度集约化的城市，由于人口集中和经济活动密集，不论是发生严重的自然灾害还是人为灾害，都会造成巨大的生命和财产的损失。诸如1923年发生的日本关东大地震(7.9级)导致14.3万人死亡，东京市几乎全被烧毁；1976年发生中国唐山大地震，是迄今为止世界上自然灾害对城市破坏最严重的一次，24万人顷刻丧生，整个唐山市毁于一旦；1945年日本广岛市遭到原子弹袭击后，因城市完全没有抗御核武器破坏效应的能力，居民伤亡大半。

② 城市灾害具有明显的连锁反应，在原生灾害与次生灾害(或称二次灾害)之间、自然灾害与人为灾害之间、轻灾与重灾之间，都存在某种内在联系，城市是一个巨大的人造生态系统，一旦发生灾害使一个或多个生命线系统损坏，很容易导致连锁反应，发生一系列次生灾害和衍生灾害。诸如地震之后引起城市大火，这种次生灾害的破坏程度甚至可能大于原生灾害。广岛在原子弹袭击后半小时，城市大火形成了火暴，仅在半径2 km的火暴区内，5.7万幢房屋被烧毁，烧死7万人；北京时间2011年3月11日，日本发生里氏9.0级地震，继而引发了巨大海啸，并造成了福岛第一核电站爆炸的核危机，形成“地震-海啸-核危机”大复合灾难，在国际上引起惊慌，韩国、美国、中国民众纷纷抢购碘产品，以防止核辐射。

③ 大多数城市灾害都有很强的突发性，给城市防灾造成很大困难。在现代战争中，在有先进侦测技术的条件下，对战略核武器袭击的预警时间最多只有30～40 min，距离短的只有几分钟；地震、爆炸等都是突然发生，在几秒钟内就会造成巨大破坏，在人类历史上能够对地震有效做出预警的仅有一例，就是中国的海阳大地震，迄今为止，地震预报还是世界性难题。

④ 灾害对城市的破坏程度与城市所在位置、城市结构、城市规划和城市基础设施状况等密切相关。例如在美国西部发现金矿后，加利福尼亚在1850年才成为一个州，大量城市在那里出现和发展，但当时还没有认识到该州处于大陆板块的边缘，是集中的地震发

生带，以至于现今有600万人口的旧金山市处于两条大的活动断层之间，随时有发生强烈地震的可能。

⑤ 环境灾害日益突出。例如1952年伦敦大雾引发的灾难，当时有1.2万人死亡；2012年，中国北方城市居民重新认识了一个现象，就是城市的雾霾天气，中国北方大部分城市笼罩在雾霾天气的阴影下，严重影响居民身心健康，而这种天气在每年的冬天都会发生，其严重后果目前还未得知。

9.2 城市防灾减灾与防空防灾功能统一

9.2.1 城市防灾减灾的重要性

城市防灾减灾是一个社会化问题，也是一个系统工程的问题。国外对于城市防灾，虽然一般都有一定的组织和措施，但在相当长时间内，与人口、资源、环境、生态等全球性问题相比，不论在对灾害的认识深度上，还是在应采取的防灾措施和应投放的资金上，都还没有受到足够的重视，直到近些年才开始有所转变。1987年联合国大会通过的开展“国际减轻自然灾害十年”活动的第169号决议，号召在20世纪最后十年中，通过国际社会的一致努力，依靠现有最新科学技术，将各种自然灾害造成的损失减轻到最低程度。经过努力，人类防灾减灾能力大大提高，防灾意识大大增强，成为人类共同抗拒灾害的良好开端。1989年在日本横滨召开的“城市防灾国际会议”，对城市防灾问题的各个方面进行了广泛的讨论和国际交流，提出了“让21世纪的城市居民生活在安全与安心之中”的口号，一定程度上反映了人类驾驭自然、战胜灾害的信心和努力方向。进入21世纪，全球继续开展“国际减灾”行动，将减灾十年的工作深入，为21世纪世界更加安全而努力。

一些发达国家大城市都能根据自己的特点制订相应的城市防灾战略和防灾措施，例如西欧和北欧一些国家，特别像中立国瑞士、瑞典，为了防止在全面战争中受到讹诈或波及，都以建立完整的城市民防体系作为城市防灾的主要任务，这一体系不但可使城市在战争中生存下来，而且对于平时可能发生的各种城市灾害同样具有较强的防御能力。同时，发达国家的许多城市正不断用最新科学技术使城市防灾系统现代化，普遍使用计算机。

发达国家的城市防灾正在从孤立地设置消防、救护等系统向综合化发展，大体上包括：对可能发生的主要灾害及其破坏程度进行预测；把工作的重点从“救灾”转向“防灾”，建立各种综合防灾系统；加强各类建筑物和城市基础设施的抗灾能力；提高全社会的组织程度，使防灾救灾系统覆盖到城市每一个居民等。

我国从20世纪50年代后期开始相继颁布了一系列的减灾法律法规，经过近些年的发展，在城市防灾和应急救援方面初步建立了技术标准，如《建筑工程抗震设防分类标准》(GB 50223—2018)、《建筑设计防火规范》(GB 50016—2014)(2018年版)、《国家处置城市地铁事故灾难应急预案》等。

我国在城市总体规划中虽编制有防灾专业规划，也主要是单灾种罗列，实际指导作用并不大，缺少综合防灾的内容，在对城市结构、规模、布局、人口、用地等宏观控制方面，较少考虑防灾要求；生命线工程和工业设施的防灾措施，则基本上处于空白状态。同时，城市的防灾标准普遍偏低，一些单项城市防灾系统，在数量和质量、人员、设施上达不到现代城市的标准，城市的救灾能力薄弱。此外，城市中缺少统一的防灾组织和指挥机构以及专业的救灾人员，一般都是在遇重灾时由市领导人员组成临时指挥部，调集没有救灾经验和设备的武装人员紧急救灾。

目前，我国的城市安全还没有充分的保障，城市综合防灾的观念还没有完全树立，城市总体抗灾能力相当薄弱，城市灾害造成的生命财产损失十分巨大，是国民经济顺利发展的制约因素。因此当前探索在我国经济实力尚不够雄厚的条件下的防灾对策，吸取国外有益经验来提高城市的综合防灾水平是非常有必要的。

9.2.2 城市防灾减灾与防空防灾功能的统一

城市是经济和文化最发达的地区，人口集中，产值高，因而其灾害损失在全国年均灾害损失中所占的比例相当高，城市化水平越高，经济越发达，比例就越高。

城市是在战争中遭受空袭的主要目标，损失十分严重。20 世纪发生的两次世界大战和多次局部战争，使数以百计的城市遭到破坏而成为废墟，使以百万计的城市居民伤亡或无家可归。在第二次世界大战中，仅英国、德国和日本的大中城市因空袭造成的居民伤亡就超过 200 万，日本六大工业城市 41%的市区面积遭到毁坏。1999 年 3 月开始的北约国家对南联盟的空袭，不到两个月就使 2 000 多平民丧生，经济损失超过 1 000 亿美元。如果在战争中使用核武器，损失将更严重。1945 年日本广岛遭到第一颗原子弹袭击后，全市 24 万人口中死亡 7.1 万，伤 6.8 万，全城 81%的建筑物被毁，战后整个城市需重建。

城市本身是一个复杂的系统，任何严重城市灾害的发生和所造成的后果都不可能是独立或单一的现象，都应当从自然-人-社会-经济这一复合系统的宏观表征和整体效应去理解。城市越大，越现代化，这种特征就表现得越明显。针对这种表征和效应所采取的城市防灾对策和措施，也必然应当从系统学的角度，用系统分析的方法加以分析和评价，使之具有总体和综合的特性，这就是城市综合防灾。

在现代化世界政治和军事形势下，战争的主要形式已经从全面战争转变为高技术局部战争。民防的作用已从单纯防御空袭，保护城市居民的生命安全，发展为保存有生力量和经济实力的重要手段。当战争双方武力处于均势时，战争潜力的大小成为影响战争形势和力量对比的重要因素。城市防护已从单纯保护居民的生命安全和保证单项工程的防护能力，逐渐发展为把城市防护作为一个系统，对从人口到物资、城市设施、经济设施实行全面的防护；从战前准备、战时防护到战后恢复实行统一组织，即总体防护。

在科学技术高度发达但世界生态环境日益恶化的形势下，城市平时灾害发生的周期趋于缩短，频率有所增加，各种灾害之间的相关性日趋明显，依靠城市原有的各单项防灾系统已难以保障城市的安全，建立多功能的综合城市防灾体系刻不容缓。

由此可见，不论是对战争灾害的防护，还是对平时灾害的抗御，都正走上整体化和综合化的道路，具有共同的特征。如果进一步将两者的功能统一起来，将机构加以合并，就可以使城市在平时和战时始终处于有准备状态，才能使城市在防止灾害发生、减轻灾害损失、加快灾后恢复等各个环节上都具备应付自如的能力。

因此，把战争作为一种城市人为灾害，与其他平时灾害综合起来加以防治是合理的，这样才能根据灾害发生和发展的共同规律,提高城市的总体抗灾抗毁能力,使城市安全不论在平时还是战争时都能得到充分保障。

9.3 地下空间在城市防空防灾中的重要作用

地下空间具有密闭性、恒压性、恒湿性、恒温性、对地震灾害的抵抗性、不受地面情况的干扰以及对土地资源的扩展等特点。由于其自身的特点,一方面它对很多灾害的防御能力远远高于地面建筑,如地震、台风等;另一方面,当地下空间内部产生某些灾害时,所造成的危害又远远超过地面同类灾害,如火灾、爆炸等。这就要求我们一方面要充分利用地下空间良好的防灾功能,使之成为城市居民抵御自然灾害和战争灾害的重要场所;另一方面要重视对地下空间内部防灾减灾技术的研究,防止灾害发生,或将灾害的损失降低到最低限度。

明确城市地下空间在综合防灾中的地位,充分考虑城市地下空间的特性,发挥地下空间的防灾功能,建立完善的城市综合防灾系统,是城市可持续发展的必然途径。

9.3.1 地下空间在城市综合防灾中的地位

(1) 地下空间是综合防灾的重要和必要组成部分

城市是一个经济、社会综合体,是一个有机复杂系统。作为一个整体,地上与地下有机联系,不能分割、孤立。而大量地下空间必然是城市综合防灾的一个重要组成部分,如何发挥其防灾潜力是研究的重要课题。

同时,城市地下空间对气象灾害、生命线灾害等具有天然的防护能力,而对于地上诸多难以解决的防灾矛盾,如城市的内涝、空袭以及交通堵塞等,也必须通过地下空间的开发弥补,才能保证城市可持续发展。因此,利用地下空间防灾是城市综合防灾系统的必要组成部分。

地上空间和地下空间防灾的联系主要表现在功能的对应互补,地下空间的开发应是地面防灾功能的扩展及延伸,在平面布局上应与地面的主要防灾功能相对应。

(2) 地下空间主动防灾应纳入城市综合防灾总目标

从某种意义上来说,城市地下空间主动防灾不是一个新的概念,我国在非和平时期,保障人民生命财产安全和维持城市基本运作的人防工程建设就是为了满足预防极端灾害的需要而主动开发利用地下空间的。

目前我国城市管理者很少有意识为了满足防灾要求,利用地下空间防灾特性来开发地下空间的。地下空间主动防灾是指从城市可持续发展的角度充分考虑地下空间的防灾特性,将地下空间作为城市防灾的综合体系的重要和必要组成部分,利用地下空间形成防灾系统,或者说为满足防灾的需要开发利用地下空间。

一般来说,主动防灾包括两方面含义:一是为了满足平时需要开发利用地下空间时要主动兼顾防灾;二是将地下空间作为防灾工程的重要和必要组成部分,主动利用地下空间防灾。本章主要研究将地下空间作为防灾工程的重要和必要组成部分,主动利用地下空间防灾。

地下空间防灾的目标与城市防灾的总目标是一致的。其目标就是保证在遭受地震、空袭等自然和人为灾害时减少人员伤亡和财产损失，保存战争潜力；在遭受灾害后，能保证救援队伍迅速出动，救治伤员，扑灭火灾，抢险抢修，及时恢复秩序，最大限度发挥系统的整体效益。

9.3.2 地下空间特有的防灾特性

城市的灾害损失要比农村严重得多，因此，在致力于城市发展和现代化建设的同时，不能忽视城市的总体抗灾抗毁能力的增强，以便把灾害损失降到最低。在多种综合防灾措施中，充分调动各种城市空间的防灾潜力，建立以地下空间为主体的城市综合防灾空间体系，为城市居民提供安全的防灾空间和救灾空间，是一项重要的内容。

这里从抗爆、抗震、防火、防毒、防风、防洪等方面探讨地下空间抗御外部灾害的防灾特性，以便充分发挥地下空间在城市防灾抗灾中的积极作用。

(1) 地下空间的抗爆特性

地下空间具有良好的抗爆性能，主要是因为覆盖在结构上部的岩土介质(防护层)发挥了重要的消波作用。

对于核爆而言，爆炸形成空气冲击波向四周扩散，对接触到的障碍物产生静压和动压，造成破坏，此外还会有伴生及次生灾害，如核爆炸的光辐射、早期核辐射、放射性沾染等伴生灾害，火灾、建筑物倒塌等次生灾害。这些破坏效应对于破坏半径范围内暴露在地面空间中的人和建筑物来说，很难实行有效的防护，然而地下空间对此却有其独特的防护能力。例如，当核爆炸冲击波的地面超压达到 0.02 MPa 时，多层砖混结构的房屋将严重破坏，成为废墟；超过 0.12 MPa 时，所有暴露人员会受到冲击伤致死。但是由于冲击波在土层或岩层中受到削弱成为压缩波，故要使地下建筑结构具备 0.1 MPa 以上的抗力并不困难，其中的人员自然也不会受到伤害。至于其他爆炸，由于爆炸能量较核爆小得多，地下空间的防护能力是不言自明的。

(2) 地下空间的抗震特性

地震释放出的能量以垂直和水平两种波的形式向四面传递。垂直波的影响范围较小，但破坏性很大，水平波则可传递到数百公里以外。地震的强度是使建筑物破坏的主要外力，地震的持续时间也是主要破坏因素之一。

在浅层地下空间的建筑结构，与地面上的大型建筑物基础大致在一个层面上，受到的地震力作用基本相同，但两者的区别在于：地面建筑上部为自由端，在水平力作用下越高则振幅越大，越容易破坏；然而处于岩层或土层包围中的地下建筑，岩石或土对结构自振起了阻尼作用，也减小了结构振幅。这个区别现在虽还不能进行量化比较，但从定性分析来看，可以被认为是在同一地点地下建筑破坏轻微而地面建筑破坏严重的主要原因，也是地下空间具有良好抗震性能的明显表现。发生在地层深部的地震，其震波在岩石中传递的速度低于在土中的速度，故当震波进入岩石上部的土层后，加速度发生放大现象，到地表面时达到最大值。据日本的一项测定资料，地震强度在 100 m 深度范围内可放大 5 倍。另据对唐山煤矿震害的调查，在 450 m 深度处，地震烈度从地表的 11 度降低到 7 度。这种随深度加大地震强度和烈度趋于减弱的特点，使在次深层和深层地下空间中的人和物，即使在强震情况下，只要通向地面的竖井和出入口不被破坏或堵塞，就基本上是安全的，这是地下空间具有良好抗震性能的又一明显表现。

(3) 地下空间对城市大火的防护能力

不论是什么原因引起的城市火灾，都有可能在一定条件下（如天气干燥、有风、建筑密度过大等）延烧成为城市大火，形成火暴，造成生命财产的严重损失。由于热气流的上升，地面上的火灾不容易向地下空间蔓延，又有土层或岩石相隔，故除在出入口需采取一定的防火措施外，在城市大火中，地下空间比在地面上安全。但是这种安全有一个前提就是由于燃烧中心的地面温度急剧升高，经覆盖层和顶部结构的热传导，使地下空间中的温度升高，只有当这种升温被控制在人和结构构件所能承受的范围内时，地下空间才是安全的。

据有关研究资料，当火灾中心温度为 1 100 ℃时，如果顶板厚度大于 300 mm，则板内表面温度不超过 100 ℃，对混凝土强度基本无影响。当结构顶板厚度为 300 mm，上面覆土厚度 400 mm 时，顶板内表面升温至 40 ℃需要 36 h，这时距内表面 100 mm 处的室温只有 20.5 ℃，因而对其中的人员不会构成伤害。

(4) 地下空间的防毒性能

在现代战争中，如果发生核袭击或大规模使用化学和生物武器的情况，对于暴露在地面上的和在地面有窗的建筑中的人员来说，防护非常困难，会造成严重伤亡。在平时的城市灾害中，有毒化学物质泄漏及核事故造成的放射性物质的泄漏，由于发生突然，在没有防护措施的情况下，对城市居民的危害十分严重。地下空间的覆盖层和结构层只要具有一定的厚度，对核辐射就有很强的防护能力。地下空间的封闭性特点使之能移在采取必要的措施后，能有效地防止放射物质和各种有毒物质的进入，因此其中的人员是安全的。

(5) 地下空间对风灾的减灾作用

风灾对城市地面上的供电系统的破坏性很大，除直接损失外，停电造成的间接损失也很大。当风的强度超过建筑物设计抗风能力时，由风压造成的建筑物倒塌和由负压造成的屋顶被掀走的现象是常见的。由于风一般只是从地面以上水平吹过，对地下建筑物和构筑物不产生荷载，再加上覆盖层的保护作用，因而几乎可能排除风灾对地下空间的破坏性。

(6) 地下空间的防洪问题

洪灾是我国相当多城市可能发生的自然灾害之一，由于水流方向是从高向低，故地下空间在自然状态下并不具备防洪能力，如果遭到水淹，就会成为地下空间的一种内部灾害。但是这种状况是否可以通过人为的努力和科学技术的进步得到改变，使地下空间成为一种防洪设施，是个很值得研究的问题。除依靠地下空间的封闭性对洪水实行封堵外，还可以在更高的科技水平上充分发挥深层地下空间大量储水的潜力，综合解决城市在丰水期洪涝而在枯水期又缺水的问题。如果地下水库的容量超过地面上的洪水量，洪水就会及时得到宣泄，还可以经过处理储存在地下空间中供枯水期使用。从这个意义上讲，应当认为地下空间同样可以起到防洪的作用。

9.3.3 地下空间的防灾功能

地下空间基本上是一种封闭的建筑空间，从地下空间防灾特性来看，与地面空间相比较具有防护力强、能抗御多种灾害、可以坚持较长时间和机动性较好等优势。另外，地下空间也有其局限性，例如密封空间对内部发生的灾害不利，在重灾情况下新鲜空气的供应受到限制等。因此应当区别不同情况和条件，扬长避短，才能充分发挥地下空间在城市综合防灾中的作用。从这个意义来看，应着重发挥地下空间以下三个方面的作用：

① 对在地面上难以抗御的灾害做好准备。我国为了防空而建造的大量地下人防工程，除少部分质量不合格外，均具备一定防护等级所要求的“三防”能力。这部分地下工程，包括过去已建的和今后计划新建的，能够防御核袭击、大规模常规空袭、城市大火、强烈地震等多种严重灾害，是任何地面防灾空间所不能替代的，因此应当成为地下防灾空间中的核心部分，使之保持随时能用的良好状态，为抗御突发性的重灾做好准备。

② 在地面上受到严重破坏后保存部分城市功能和灾后恢复潜力。当地面上的城市功能大部分丧失，基本上陷于瘫痪时，如果地下空间保持完好，并且能互相连通，则可以保存一部分为救灾所需的城市功能，包括：执行疏散人口、转运伤员和物资供应等任务的交通运输功能；维持避难人员生命所需最低标准的食品、生活物资供应；低标准的空气、水、电保障；各救灾系统之间的通信联络；城市领导机构和救灾指挥机构的正常工作等。这样，不但可以使部分城市生活在地下空间中得到延续，还可以使大部分专业救灾人员和救灾器材、装备得以保存，对于开展地面上的救灾活动和进行灾后恢复及重建，都是十分必要的。

③ 与地面防灾空间相配合，实现防灾功能的互补。尽管地下空间的防灾抗灾能力强于地面空间，但其容量毕竟有限，不可能负担全部的城市防灾抗灾任务。对于一些仅开发少量浅层地下空间的城市来说，在容量上与地面空间相差悬殊，即使充分开发，一般也不可能超过地面空间容量的三分之一。因此，有限的地下空间只能最大限度地承担那些唯有地下空间才能承担的防灾救灾任务，在不断扩大地下空间容量的同时，充分发挥地面空间，如城市广场、公园、绿地、操场等的防灾功能，实现二者的互补，形成一个城市综合防灾空间的整体。

当城市地下空间的开发利用已达到相当规模和速度时，除指挥、通信等重要专业性工程外，大量的地下防灾空间应在平时的城市地下空间开发利用中自然形成，只需对其加以适当的防灾指导，增加不超过投资的1%就可使其具备足够的防空防灾能力。对地下空间的开发应实行鼓励和优惠政策，使人防工程建设从强制性执行计划变成有吸引力的开发城市地下空间的自觉行动，这样不需要很长的时间，为每一个城市居民提供一处安全的防灾空间的目标就能实现，一个能掩蔽、能生存、能机动、能自救的大规模地下防灾空间体系就能形成。

9.4 地下空间与城市综合防灾减灾系统设计

城市地下空间综合防灾规划指导思想：根据城市发展方向和战略目标，城市总体规划和各项副业的发展，应长远考虑，高瞻远瞩，面向世界，面向现代化要求，人防、防灾、地下空间开发综合规划，要高起点综合规划，长期建设，稳步发展，城市建设要与防控防灾工程设施建设和地下空间开发相结合，与城市建设同步实施。

城市地下空间综合防灾规划目标：根据城市发展战略，从城市整体发展形态、结构布局、地面建筑空间、地下空间开发利用、市政基础设施、工业经济系统、生命线工程等方面，加强对防自然灾害、战争(核常规战争)灾害的城市工程设施建设，着眼于增强城市的防空防灾抗震救灾的整体功能，提高城市在灾害和战争条件下的稳定性和灾后战后城市功能的恢复能力。

城市地下空间综合防灾规划的依据是《中华人民共和国城市规划法》《人民防空条例》《城市总体规划》等法规和条例。

城市地下空间综合防灾规划背景是根据城市灾害的调查研究分析、分类、评估确定的城市主要灾害系统，运用现代科学技术手段建立各种灾害毁伤预测数学模型，如地震、火灾化学事故、核事故、战争(常规战争)预测模型，得出毁伤指数。采用定性和定量相结合的系统分析方法，提出城市灾害综合毁伤效应结果，作为城市规划的背景。

9.4.1 地下空间与城市防空防灾系统设计

(1) 城市地下防空系统组成和防护要求。

整个城市综合防空防灾体系由多个系统组成，包括：指挥通信系统、人员掩蔽系统、医疗救护系统、交通运输系统、抢险救援系统、生活保障系统、物资储备系统和生命线防护系统。如果各系统都有健全的组织、精干的人员和充分的物质准备，又有合理的设防标准，那么不论发生战争还是严重灾害，这个体系都可以有效运行，保护生命财产，把空袭或灾害的损失降至最低程度，并在战后或灾后使城市迅速恢复正常。

建立地下综合防空防灾系统应基于三个原则：一要确定合理的设防标准，防空与防灾统一设防；二是大部分系统应在平时城市地下空间开发利用中形成和使用；三是由统一的机构组织规划、监督建设和依法管理。

目前我国只有人民防空工程和抗震工程有明确的设防标准。鉴于空袭后果与多种灾害的破坏情况非常相近，故暂以人民防空的设防标准作为统一的防空防灾标准，同时考虑一些灾害的特殊要求，应当是可行的。

在核战争危险减弱的同时，现代战争的主要形式是核威慑下的高技术信息化局部战争，这一点已成为共识。1991 年发生在海湾地区的战争和 1999 年以美国为首的北约对南联盟发动的战争，以及 2003 年美英对伊拉克的战争，是第二次世界大战后参战国最多、武器最先进、以大规模空袭为主要打击方式的局部战争，显示出现代常规战争的一些新特点。打击战略的变化引起防御战略的变化，从防御的角度来看，可归纳为以下几个值得注意的变化：

① 在核武器没有彻底销毁和停止制造以前及世界多核化的情况下，仍有可能在常规武器进攻不能奏效或不能挽救失败时局部使用核武器。核武器已向多弹头、多功能、高精度、小型化发展，对核武器不能失去警惕。

② 现代常规战争主要依靠高科技武器实行压制性的打击，因此任何目标都难以避免遭到直接命中的打击。但是另一方面，打击目标的选择比以前更集中、更精确，袭击所波及的范围更小。打击目标通常称为 C^3I，即指挥系统(command)、控制系统(control)、通信系统(communication)、情报系统(information)、基础设施(infrastructure)，实际上

是 C^3I^2。

③ 以大规模杀伤平民和破坏城市为主要目的的打击战略已经过时，用准确的空袭代替陆军短兵相接式的进攻，以最大限度地减少士兵和平民的伤亡成为主要的打击战略，因而防御战略也应与全面防核袭击有所不同。

④ 进行高科技常规战争要付出高昂的代价，一场持续几十天的局部战争就要耗费数百亿美元，是任何一个国家难以单独承受的，因而战争的规模和持续时间只能是有限的。

⑤ 尽管高科技武器的打击准确性高，重点破坏作用大，但仍然是可以防御的。在军事上处于劣势的情况下，完善的民防组织和充分的物质准备仍能在相当程度上减少损失，保存实力，甚至可以一直坚持到对方消耗殆尽而无力进攻时为止。伊拉克和南联盟两次局部战争的情况都说明了这个问题。

⑥ 在以多压少、以强凌弱的情况下，发动局部战争在战略上已无保密的必要。由于军事调动和物质准备都在公开进行，因而防御一方有较充分的时间进行应战准备，战争的突发性较前已有所减弱。

在现代高技术局部战争条件下，花费高昂代价对核武器进行全面防护已失去实际意义，城市防护对象以常规武器为主就有了必要。除少数核心工程外，不考虑直接命中，这样的防护标准对于多数平时灾害的防御也是适用的。

我国的人民防空工程建设虽然在数量和规模上取得一定成就，但在防护效率上仍处于较低水平，主要表现在两个方面：一是习惯于用完成的数量作为衡量工作的标准，而忽视效费比这样的重要指标；二是只重视基础设施的建设，而配套设施严重不足。尽管人民防空工程已有一定的掩蔽率，但人员掩蔽后的生存能力和自救能力很弱，这一点不论是核袭击还是常规武器袭击都是相同的，应引起足够的重视，在建立各系统时应特别加以注意，在尽可能少用专门投资条件下建成高效率的城市防空防灾体系。

(2) 以平时开发的城市地下空间建立战时人员掩蔽系统。

在高技术局部战争情况下，最大限度地保护设防城市的人民生命财产安全，尽最大可能保存有生力量，保存支持战争和战后恢复的潜力，是人民防空的重要任务之一。在整个人民防空系统中建立覆盖每一个城市居民的人员掩蔽系统，进行周密细致的规划配置、工程建设和组织管理，务求使每一个城市居民在收到空袭警报后的第一时间就地就近有秩序地到达掩蔽位置，得到有效的防护和生存的必要物质保障。

按照现行的人民防空工程的防护标准和设计规范，要求设防城市按战时留城人口（一般在50%左右）每人1 m^2的标准建设符合“三防”要求的人员掩蔽所。但是经过几十年的建设，至今没有一座城市完成这项任务，能达到60%左右已算先进。在现代高技术局部战争条件下，再坚持这样进行下去，不但还需要几十年时间，更重要的是已失去现实意义，因为：首先，战前大规模疏散居民有很多具体困难，即使勉强实行也会对社会、经济产生很大的负面影响，只有全员就地就近掩蔽才是可行的措施；然后，居民在城市中的活动多种多样，空袭发生在白天和夜间的情况也有所不同，笼统地按每人1 m^2的标准提供掩蔽空间，根本不可能满足各类人群的掩蔽要求；最后，现代战争中空袭的主要目的已不是大量杀伤居民，少量伤亡主要为误炸和波及造成，故分散在城市各处的大量地下空间就成为处于各种状态下的居民最方便有效的掩蔽空间。因此，为了防御常规武器空袭，建议城市居民的防空掩蔽按以下几种情况实行：

① 为防误炸或波及，在重要目标周围一定距离范围内的居民应在临战时进行疏散，在附近为每一个家庭准备掩蔽所。

② 战争发生后，大部分居民应留在自己的家中，夜间更是如此，因此在居住区或居住小区内应有足够数量的人员掩蔽所供家庭使用。比较理想的是，每一户家庭拥有一间面积不小于 6 m^2 的属于自己的防空地下室或半地下室，与平时的储存杂物和防灾相结合。这是居民掩蔽所建设的最佳途径。在住房商品化条件下，开发商对于在住宅楼建地下室或半地下室是有兴趣的，因为有利于房屋的销售，只要给予适当的优惠政策，实行起来不困难。

③ 为了在空袭警报发布时仍滞留在工作或生产岗位上的人员提供临时掩蔽所，位置宜在所处建筑物或邻近建筑物的地下室，人均面积 1 m^2，其中不需要在战时坚持工作或生产的人员，应在空袭警报解除后迅速撤离回家。

④ 为空袭警报发布时滞留在各类公共建筑中或在街道上活动（乘车或步行）的人群提供临时掩蔽处，位置宜在公共建筑地下室、地铁车站、腾空后的地下停车场等，按人均面积 1 m^2 计。在这些地下建筑的入口前，应设明显的“公共临时掩蔽处”标志。

⑤ 为住在医院、养老院、福利院等处不能行动的人员提供能在其中生活的掩蔽所，人均面积 3 m^2，并具备医疗、救护条件。幼儿园儿童和中、小学生不需专门的掩蔽所，应在临战时停课，由教师护送回家，在家庭防空地下室掩蔽。

⑥ 为白天在家中活动、夜间在家中居住的人口，包括老年人、与战勤无关的成年人、儿童和学生，安排永久性家庭掩蔽所，人均面积宜为 2 m^2，位置宜在多层住宅楼的地下室或半地下室，每户一间，不小于 6 m^2，有通风和防护密闭条件和不少于 3 天使用的饮用水和食品储备。如果多层住宅楼地下室数量不足，可利用居住区内其他地下空间，如地下停车库等，但临战时需将其平时功能加以转换供居民家庭专用。

⑦ 为暂时仍居住在城市危旧平房中的常住和暂住人口提供人均 2 m^2 的掩蔽空间，位置宜在距原住房不远的公共建筑地下室，临战时转换为家庭掩蔽所。

以上后五种类型均按白天情况考虑，如果夜间发生空袭，则白天在外的大部分人已回家居住，故在规划家庭掩蔽所的规模和数量时，应按夜间居住人口总数计算。白天在外活动的人员数量，可用抽样调查法统计出人、车密度不同地区每平方米的人数，然后取节假日高峰人数为其规划临时掩蔽处。

为白天临时掩蔽用的公共建筑地下空间，一般特大城市都拥有数以百万平方米计的规模，比较容易满足需要。为白天及夜间家庭用的掩蔽所需求量很大，应当在每年居住建筑建设计划中安排解决。如果一座城市的常住加暂住人口为 500 万人，则需要家庭掩蔽所 1 000 万 m^2，若每年建多层住宅 500 万 m^2，其中含地下室或半地下室 80 万 m^2，那么，加上已有的地下室，再用 10 年左右时间即可满足全部居民的掩蔽要求，因而也是解决人员掩蔽问题最经济有效的途径。

（3）以平时建设的地下交通和公用设施系统满足战时疏散、运输、救援的需要。

交通是城市功能中最活跃的因素，当城市交通矛盾严重到一定程度后，仅地面上采取措施已难以解决，因此利用地下空间对城市交通进行改造成为城市地下空间利用开始最早和成效最显著的一项内容，并由此带动了其他功能的发展，成为城市地下空间利用的主要动因。以纵横交错的地铁隧道为干线，与地下快速道路系统相结合，再与分片形成的地下步行道系统相连接，完全可以组成一个四通八达的地下交通网，对保障战时人员疏散、伤员运送、物资运输都是十分有利的。

城市基础设施特别是市政公用设施系统一旦在战争中受到空袭而被破坏，不但会造成直接经济损失，对城市经济和居民生活造成的间接损失也是严重的，甚至使整个城市陷于瘫痪，从物质上和心理上对人民防空产生不利影响。这些系统在空袭中受到破坏的程度和抢修的速度，直接影响处在掩蔽状态下的居民能否维持低标准的正常生活、消除空袭后果的效率以及战后恢复的难易程度。

在城市现代化进程中，市政基础设施的发展趋势是大型化、综合化和地下化。虽然至今大部分市政管、线已经埋在地下，但多数为浅层分散直埋，不但在空袭中容易被破坏，平时维修要破坏道路，有时还会对浅层地下空间的开发利用造成障碍。因此在次浅层地下空间集中修建综合管线廊道成为今后市政公用设施发展的方向，对生命线系统的战时防护十分有利。此外，在市政公用设施中最容易受空袭破坏的是系统中在地面上的各种建筑物、构筑物，如变电站、净水厂、泵站、热交换站、煤气调压站。如果在现代化过程中逐步将这些设施地下化，则对于提高各生命线系统的安全程度是非常重要的。

(4) 以平时有关业务部门的地下设施满足群众防空组织的战勤需要。

《人民防空法》第四十一条要求："群众防空组织战时担负抢险抢修、医疗救护、防火灭火、防疫灭菌、消毒和消除沾染、保障通信联络、抢救人员和抢运物资、维护社会治安等任务。"这些任务都需要各有关部门平时做好组织上和物质上的准备，其中最重要的就是要拥有足够规模的地下空间，供战时专业人员掩蔽，抢修机具和零配件储存，食品、饮用水等生活物资的储存等。

战时城市医疗救护系统一般由三级机构组成，即救护站、急救医院和中心医院。救护站数量多，分布广，应与平时的企、事业单位医院、医务室、街道门诊部、社区医疗中心等结合，在这些单位开发必要数量的地下空间，既可平时使用，又可为战时转入地下做好准备。急救医院和中心医院都可与平时相应级别的综合医院或专科医院结合，在新建的医疗建筑中安排必要规模的地下室，在设计中提出平战两种使用方案。

城建部门的机械施工单位拥有多种抢险用的机械、工具和车辆；公用、电力等部门平时也有抢险抢修组织和装备，这些部门的大型机具战时可经伪装后分散存放在地面，但在平时建设中应适当准备必要规模的地下空间，用于战时人员掩蔽和储存重要零配件。

在城市地下空间开发利用中，地下停车场和停车库占一定的比例，数量多，分布广，但多数为停小客车使用，临战时腾空后宜作为临时公共掩蔽所。因此应要求公共交通和运输部门平时在本单位修建适当规模的大型车地下停车库并在地下储存一定数量的油料，为战勤准备，平时也可使用。同时，在平时各级消防部门中应适当修建地下消防车库以备战时使用。

以上各防空专业组织所需要的防空用地下空间，在平时建设中容易受到忽视，因此必须在地下空间开发利用规划和人民防空工程建设规划中提出明确的要求，要求这些单位有计划地逐步完成本单位、本系统的地下空间开发利用，为防空、防灾做好准备。

在城市地下空间开发利用中，同时完成防空、防灾体系建设，其经济上和技术上的合理性和可行性已如上述。但是，地下空间的开发只是为人民防空工程提供了足够的空间，至于这样的空间是否能满足高技术局部战争条件下的防空要求，除了充分利用地下结构自然提供的抗力之外，还需采取必要的措施，使平时使用的地下空间在临战时能顺利地转为战时使用，在短时间内完成使用功能、防护措施和管理体制的转换。这就要求各级人民防空部门和大型企、事业单位在发展规划中提出明确的要求，制定实施预案，同时兼顾平时城市防灾的需要。只有这样才能用不到工程投资1%的代价，做到常备不懈，对各种突发事故随时做好应对准备，把城市置于完善的防空、防灾体系保护之下。

9.4.2　地下空间与城市生命线系统设计

9.4.2.1　生命线系统现状分析

城市交通设施和市政公用设施对保证城市活动的正常进行至关重要，常称为城市生命线。城市生命线一旦在战争或灾害中受到破坏，不但会造成直接的经济损失，还会使整个城市陷于瘫痪。

地下管道网是城市生命线的主体部分之一，是现代化城市的大动脉。合理规划和建设好各类地下市政管线，是维持城市功能正常运转和促进城市可持续发展的关键。随着城市的现代化和土地开发强度的增大，现代城市对市政管线的需求量也越来越大，但由于许多老城区城市道路狭窄和管沟位置不足，致使各类管道的新建、扩建和改建显得日益困难，管道的安全可靠性也受到了严峻的挑战。

城市地下主干线有上水、下水、煤气、天然气、电力、热力、电信等七大类十几种管网，形成了密集的地下设施系统。但由于年久失修及信息不清楚，很多城市对地下管线都没有一个较为系统全面的数据库，因而时常引发一系列严重事故。以北京市为例，1967年在复兴门地铁施工中切断了广播电缆，中断对外广播十多个小时。1974年挖护城河时切断供电局三条电缆，工人体育馆一片漆黑，国际体育比赛中断十多分钟。1975年和平门施工，铲坏供电局电缆，影响了中南海供电。1984年9月24日，在某工地钻探时将国庆阅兵总指挥专用电话线钻断，严重妨碍了预演的进行。1988年1至10月市内电话电缆损坏41处，影响全市2 700多用户正常使用。1993年5月白云路地下自来水干管爆裂，造成数百户居民受水害。

因地下管线而引发的其他灾害还包括：

① 供水管线事故及次生灾害：北京市每年发生供水管线事故3 000多起。

② 城市燃气供应的事故隐患：管网超期服役，每年因腐蚀造成漏气事故80余起；城区内还有28个液化石油气供应站在拥挤的旧居民区内，防火防爆都不符合要求；非法占压燃气管线和野蛮施工造成漏气事故每年有60余起之多。

③ 城市供热存在的事故隐患：占全市供热行业60%以上的小型供热单位，基本上不具备事故应急抢修力量；城市热网布局不合理，西部用热负荷多，而大型热源呈东多西少格局，一旦某种热源产生故障，将造成大面积停热的重大后果。

④ 城市道桥及排水管网存在的事故隐患：明清旧砖沟不堪重负，至今还有170 km旧

沟在超期服役；高新技术工业废水已排入市政污水管网，产生毒气及化学物质，腐蚀管道，造成爆炸事故。

电力系统灾难是指市电力公司管辖范围内供电设施因故障、外力破坏、火灾、水灾、雪灾、地震等自然灾害或突发事件，造成的供电中断或人员伤亡及财产损失的应急状态。从供电安全规划上考虑，城区 220 kV 供电网络、增加单回线路的送电能力、电网结构的可靠性都是应总体考虑的防灾规划内容。

将上述管线纳入地下综合管沟(共同沟)，可以明确地下管线的位置以便于维修，可以很好地防止如施工挖断等突发事故。

9.4.2.2 利用地下综合管沟整合生命线系统设计

从城市生命线的体系构成、设施布局、结构方式、组织管理等方面提高城市生命线系统的防灾能力和抗灾功能，是现代城市防灾的重要环节。城市防灾对生命线系统的依赖性极强。如我国的城市消防主要依靠城市给水系统，城市灾时与外界联系和抗灾救灾指挥组织主要依靠城市通信系统，城市交通必须在灾时保证救灾、抗灾和疏散的通道畅通，应急电力系统要保证城市重要设施的电力供应等。这些生命线系统一旦遭受破坏，不仅使城市生活和生产能力陷入瘫痪，而且也使城市失去抵抗能力。所以，城市生命线系统的破坏是灾难性的。日本阪神大地震时，由于神户交通、通信设施受损，致使来自 20 km 外的大阪援助不能及时到达。

目前我国城市的生命线大部分在地下，但利用综合管沟可以在平时减小由于对地下多种生命线情况不明而造成的灾害，并便于在平时和灾时的维护与检修。

根据一些已经建设综合管沟的城市的成熟经验，一般埋设于自然地平以下，其上覆土 1～3 m，最深的可以达到 5～6 m。覆土的深度主要考虑地面道路的路基要求和防止涨冻的冰冻线要求。同时，考虑道路荷载、地下水浮力、土压力的作用，其剖面一般做成拱形或矩形，在其外缘按照相互影响因素分割成若干个功能分区，内部形成一个工作空间。

9.4.2.3 利用地下空间整合生命线系统的优势

① 利用地下管线综合管沟整合城市生命线工程在灾时、战时可以有效抵御冲击波带来的地面超压和土壤压缩波；平时可以减小由于对地下多种生命线情况不明而造成的灾害，并便于在平时和灾时的维护与检修。由于地下结构能够抗震、防洪、防风等，地下管线综合管沟在灾害发生时可有效减轻灾害对城市管线的破坏，大大提高了城市管道的防灾能力。

② 建议结合城市市政基础设施规划、地下空间规划、人防工程规划、轨道交通规划等专业规划，以地下综合管沟系统建设为专题，对城市商业中心区、交通枢纽地区、城市重要地段进行市政管线地下化、集约化的研究与规划，将地下综合管沟建设纳入科学、合理、有序的途径上来。

综上所述，如果把城市生命线系统的地下管线综合管沟防护纳入城市综合防灾体系之中，实现战时防护与平时防灾的统一，则其安全可靠程度必然得到提高，并随时对灾害的发生处于有准备状态。

9.4.3　地下空间与城市抗震减灾系统设计

9.4.3.1　国内外利用地下空间抗震现状

从国内来看，在城市的抗震规划中一般都考虑了地面疏散干道和避难场所的规划，但很少有城市考虑地下空间在抗震中的作用，或者是重视的程度不够。

如青岛防灾规划中规定："规划以城市快速路、主干道、港口、飞机场组成抗震疏散救助通道，抗震通道两侧的建筑必须满足抗震规范要求，清除现有的影响防灾的障碍物，改造沿途的危险建筑物。以居住区的公共绿地、中小学操场、集贸市场和邻近的人防工程为近地疏散场所，以城市公园、山头绿地、体育场、城市广场和地下人防工程为分流疏散场所，市南、市北人口密集地区的旧区改建应结合公共绿地和人防工程的建设设置近地疏散场所。"

在泉州市抗震减灾规划中规定："① 救灾干道，以城市对外交通性干道为主要救灾干道。② 疏散主干道：以城市主干道（生活性主干道、交通性主干道）为主要疏散干道。③ 疏散次干道：以城市次干道作为疏散次干道。④ 避难场所：利用城市公园、绿地、广场、停车场、学校的操场和其他空地、绿地作为避难场所。避震疏散的有效面积在 2 m^2/人以上，疏散半径在 2 km 以内；居住区疏散半径为 300 m，最大不得超过 500 m。避难场所要避开危险地段和次生灾害源。"

在北京市抗震减灾避难场所规划（草案）中规定："一般临时（紧急）避难场所，用地面积不低于 4 000 m^2；固定（长期）避难场所中型的应在 10 000 m^2 以上，大型的应在 20 000 m^2 以上。"其人均面积标准："临时（紧急）避难场所人均面积标准确定为 1.5～2 m^2；固定（长期）避难场所为 2～3 m^2。但考虑到一些地区，尤其是旧城区实际用地情况，临时（紧急）避难场所可略低于人均面积标准，但最低不少于 1 m^2。"

上述城市都没有就震时利用地下空间功能和作用作出要求，如作为应急物资储备及避难所等。

国外利用地下空间抗震的具有代表性的国家是日本，在日本城市抗震预案中，地下空间一般具有如下功能：

① 灾时日用品、设备以及食品的存储空间。

② 人口疏散与救援物资的交通空间（指当地震发生后，地面车行和人行交通被严重损坏或倒塌物体塞住，地面客货运输已不可能时，可以利用地下交通）。

③ 人员临时掩蔽所。

④ 急救站（临时）。

⑤ 地下指挥中心。

⑥ 地下信息中心：建立地下信息枢纽可以保证受灾地区与外部地区的信息畅通，并可以处理不同类型的震时信息，如次生火灾、不能通行的街道等，为灾时指挥决策提供参考。

9.4.3.2　我国城市地下空间抗震功能要求（以北京市为例）

① 灾时日用品、设备以及食品的存储空间。北京市已建成的第一个系统规划的应急

避难场所——元大都遗址公园避难场所中,就是利用地下空间完成应急物资储备的。其中应急物资主要包括帐篷、床铺、被褥、脸盆、毛巾、暖瓶、水杯、饭盒、卫生纸等家庭生活必备品,这些应急物质供附近居民发生灾难时使用。据报道,元大都遗址公园避难场所总占地面积为 600 980 m^2,最多共可容纳 253 300 人,主要是为与其相邻的亚运村、小关、安贞及和平街四个街道办事处的居民提供避难场所。北京市也是我国第一个进行应急避难场所建设和悬挂应急标志牌的城市。

② 人口疏散与救援物资的交通空间。当地震发生后,地面车行和人行交通被严重损坏或倒塌物体塞住,地面客货运输已不可能时,可以利用地下交通。

③ 人员临时的掩蔽所。当地震发生时,一般都伴有恶劣的天气,如夏季的阴雨、冬季的低温等,这时地面的开敞空间就不是很合适作为掩蔽所。在地面建筑被震毁之后,地下空间(如人员掩蔽工程)可以作为临时避难所。

④ 急救站(临时)。

⑤ 地下指挥中心。利用地下空间可以在灾时作为震时指挥中心场所,根据地下信息中心提供的信息进行决策。

⑥ 地下信息中心。灾时利用地下信息中心的信息资源为指挥中心提供服务,其信息处理主要包括伤员、紧急物资的调配、应对火灾处理、街道被堵等。并及时与政府各部门联系,帮助解决地震灾害发生时的各种问题。

9.4.3.3 城市地下空间抗震布局要求(以北京市为例)

在城市地震灾害发生时,地下空间只是作为地面避难空间的补充。因此,其地下空间的布局主要结合地面避难空间。避难空间的规划建设应充分利用绿地、公园、广场和道路等城市开放空间。

根据北京市地震局的材料显示,北京八城区可作为临时避难所的小面积空地有数千处之多,可改建为长期应急避难场所的开阔地带面积有 5 300 hm^2($1\ hm^2=1\times10^4\ m^2$)。建筑物相对密集的北京城八区内有 100 多处可以改建成与元大都遗址公园避难场所差不多的应急避难场所。2008 年北京举办奥运会之前,北京市地震局及相关部门陆续对这些地带进行实地考察,有计划地将它们改造为功能性避难场所。

(1) 绿地系统的抗震规划布局要求

城市绿地、广场不仅担任城市的"绿肺"和休闲娱乐空间,起到改善环境质量和自然景观的作用,而且战争、地震等灾害发生时可作为避难场所。普通的居民完全可以利用绿地、广场进行地震灾害发生时的逃生避难场所。根据上述分析,规划北京市的绿地广场在建设和改造时应符合以下防空防灾要求:

① 城市各组团间的绿化隔离带是天然的防护措施,对减少灾害的蔓延起很大作用。在旧城区各组团间或防护片区之间应尽量建设绿化隔离带,在区域内严格按照北京市的城市绿化条例规定的 25%要求进行绿化,无条件时应将重点目标和重要经济目标远离。新城区应保证组团之间具有 500 m 以上的绿化隔离带,在区域内按 30%的要求进行绿化。

② 地上重要设施和重要经济设施是防救灾的重点,因此在地上重要设施和重要经济设施与其他民用设施之间建设绿化隔离带或广场非常重要。旧城区一般地上重点目标和

经济目标周围应保证有 50 m 的绿化隔离带或广场，可能产生次生灾害的地上重要设施和重要经济设施应保证有 100 m 的绿化隔离带或广场。新城区一般地上重点目标和经济目标周围应保证有 80 m 的绿化隔离带或广场，可能产生次生灾害的地上重点目标和重要经济目标应保证 120 m 的绿化隔离带或广场，以保证灾害发生时能够使当班工人和附近居民避难逃生。

③ 结合绿地规划和交通规划，将大型的城市绿地、高地和广场作为应急疏散地域和疏散集结地域。当发生地震灾害时，作为居民的应急疏散地域，同时也可作为疏散集结地域，其面积标准为 3.0 m^2/人，疏散半径为 2 km。在绿地、高地和广场下建设大型人防物资库工程，以保障疏散人口的食品和生活必需品。

④ 居住区应结合地面规划建设必要的绿地和广场，作为应急疏散地域和疏散集结地域，其面积标准为 2.0 m^2/人，疏散半径为 300 m，最大不超过 500 m。

⑤ 城市公园绿地广场必须在一侧有与之相适应的城市道路相邻，以保证满足战时的疏散集结和运送物资的需求。

(2) 地下空间抗震的布局要求

在北京人口密集区，当地面绿地面积不足时应考虑利用地下空间作为避难所。

在作为震时避难所的城市绿地、广场附近，应考虑建设相应的地下空间储备应急救灾物资。

在保证好通往地表的出入口不被破坏或堵塞的前提下，深层地下空间可以作为震时的指挥及医疗救护场所。

9.4.4　地下空间与城市防化学事故系统设计

9.4.4.1　化学危险源界定与分类

二十世纪五六十年代以来，曾多次发生震惊世界的火灾、爆炸、有毒物质的泄漏等重大恶性事故。如 1978 年西班牙巴塞罗那市和巴来西亚市之间双轨环形线的 340 号通道上，一辆过量充装丙烷的槽车发生爆炸，烈火浓烟造成近 300 人死亡，100 多辆汽车和 14 幢建筑物被烧毁。1984 年 12 月 3 日凌晨，印度中部博帕尔市北郊的美国联合碳化物公司印度公司的农药厂发生甲基异氰酸酯泄漏的恶性中毒事故，数日内 2 500 多人死亡，到 1984 年年底，该地区有 2 万多人死亡，波及 20 万人，侥幸逃生的受害者中孕妇大多数流产或产下死婴，5 万人永久失明或终身残疾，成为世界大惨案。

随着城镇化、工业化的快速发展，我国也时常面临因重大危险源事故引发对城市和社会的正常生产生活、生态环境所带来的危害。如 2010 年就发生了福建上杭“7.14”紫金山铜矿污水渗漏事故、大连“7.16”输油管爆炸事故、吉林“7.28”三甲基一氯硅烷化工用桶冲入松花江中的污染事故、南京“7.28”丙烯管道泄漏爆炸事故、伊春“8.16”烟花厂爆炸事故等多起因危险源引起的重大事故，造成重大生命、财产损失和生态灾难。

这些恶性事故都造成了大量人员伤亡，社会财产和环境也遭受巨大的损失。因此，预防重大事故的发生已成为各国政府和人民普遍关注的重要课题。因几次影响全球的重大事故的发生及事故的危害程度，世界各国对重大工业事故的预防已高度重视，随之产生了“重大危害”和“重大危害设施”(国内通常称为重大危险源)等概念。

我国相关法律法规和国家标准规范中，对重大危险源都有明确的界定和分类。

《中华人民共和国安全生产法》中对重大危险源的定义为："重大危险源，是指长期地或者临时地生产、搬运、使用或者储存危险物品，且危险物品的数量等于或者超过临界量的单元(包括场所和设施)。"而在国家标准《危险化学品重大危险源辨识》(GB 18218—2018)中，将危险化学品重大危险源定义为："长期地或临时地生产、加工、使用或经营危险化学品，且危险化学品的数量等于或超过临界量的单元。"

单元指一个(套)生产装置、设施或场所，或同属一个生产经营单位的且边缘距离小于500 m的几个(套)生产装置、设施或场所。

根据上述危险源定义，也可以将重大危险源理解为超过一定量的危险源。

另外，从重大危险源英文定义"major hazard installations"来看，还直接引用了国外"重大危险设施"的概念。确定重大危险源的核心因素是危险化学品的数量是否等于或者超过临界量。临界量是指对于某种或某类危险化学品规定的数量，若单元中的危险化学品数量等于或者超过该数量，则该单元应定为重大危险源。具体危险物质的临界量，由危险化学品的性质决定。

控制重大危险源是企业安全管理的重点，控制重大危险源的目的不仅是预防重大事故的发生，而且是要做到一旦发生事故，能够将事故限制到最低程度，或者说能够控制到人们可接受的程度。重大危险源总是涉及易燃、易爆、有毒的危害物质，并且在一定范围内使用、生产、加工、储存超过了临界数量的物质。由于工业生产的复杂性，特别是化工生产的复杂性，决定了有效地控制重大危险源需要采用系统工程的理论和方法。

9.4.4.2 危险品源地下化

城市危险品源一般主要考虑以下几种：爆炸危险、火灾危险和毒物泄漏扩散危险。而将易燃易爆或有毒有害物质储存在地下工程等措施，利用覆盖层的保护，避免地震、战争等极端灾害或其他意外事故(如撞击、雷电)的干扰，避免发生上述灾害。即使发生上述灾害事故时，其蔓延或扩散的机会也很小，并利于战时伪装。

9.4.4.3 在危险品源附近建设地下救援设施

从灾时抗灾救灾、战时防空的角度来考虑，在储存大量有毒液体、重毒气体的工厂、储罐或仓库等重要设施周围，应充分考虑次生灾害的影响，危险品源的附近应建设地下救援设施。如抢险抢修、消防和防化等专业防灾救援设施和人员配备，危险品源目标可以看作点目标，对点目标的防灾、救灾的设施和人员配备的规划布局，应在重要设施或危险源周围按环形布局的模式进行规划建设。

防灾、救灾设施及人员配备在所保障危险源周围进行建设，距离不能太远，同时又不能距离所保障的危险源过近，避免"灾时双损，战时双毁"，并参照我国防空防灾设计标准的有关指标，在危险源周围考虑次生灾害的影响，同时方便救援，专业队工程可以在内环半径为100 m、外环半径为1 000 m的环形区域内建设。

根据重大危险源在城市中的分布，将重大危险源全部地下化是不现实也是没有必要的。但是对于城市的一级重大危险源的大部分、二级重大危险源的部分和个别三级重大危险源地下化是可能的，也是必要的。以北京市为例，结合危险源的分布数量、类型和等级，利用地下空间将北京市八城区防化学及危险源地下或半地下化的策略如下：

① 从综合防灾角度考虑，将危险品源尽量地下化和在危险品源附近建设地下救援设施等，利于灾前的预防灾时救护救援；战时伪装、救援和坚持生产，并增强战争潜力。平时可以利用覆盖层的保护，避免其他意外事故（如撞击、雷电）的干扰，使其即使发生事故，蔓延或扩散的机会也很小。

② 规划可将五环内的一级重大危险源（其中储罐类 11 个，生产场所类 3 个）的大部分、二级重大危险源的部分和个别三级重大危险源地下化，并尽量转移到下风向。尤其是生产场所类转移至地下，利于灾时防灾抗灾，战时坚持生产。

③ 在部分有条件的危险品源附近，结合防灾、救灾专业人员及设施配备，修建地下救援设施。

9.4.5 地下空间与城市防洪抗洪系统设计

对于浅层的地下空间建筑，防洪能力较差是地下空间的弱点，诸如 2007 年济南的特大暴雨，造成护城河水暴涨，并冲破银座购物广场北侧防汛设施灌入位于广场下的地下银座商场，仅 15 min 时间，商场内的积水便达到 1.6 m，造成了巨大的经济损失（图 9-1 和图 9-2）。

图 9-1 大水灌进济南银座商场

图 9-2 济南银座商场被大水淹没

但是根据地下空间和洪灾的特点，应采取“以防为主，以排为辅，截堵结合，因地制宜，综合治理”的原则，通过适当的口部防灌措施和结构防水措施，是可以避免该类灾害发生，保持地下空间正常使用的。

地下工程口部防水倒灌可以采取如下措施：

① 地下空间设施的人员出入口、进排风口和排烟口，都应设置在地势较高的位置，出入口的标高宜高于当地最高洪水位。室外进风口的下沿与室外地坪的距离不宜小于1 m，如果因设在绿化地面而受到限制时，至少也不应小于0～5 m。地下铁道车站的出入口及通风亭的门洞下沿，一般应高出室外地面0.15～0.45 m。

② 地下空间设施引至江河、沟渠的排水口若低于最高洪水位时，可在适当位置设置防洪闸门，辅以机械排水系统。地下空间内部的生活污水采取自流方法排入城市污水管道，排出管上应设止回阀和阀门。若地下空间的污水池低于城市污水管而不能自流时而必须采用机械排出，更应采取防倒灌措施。

③ 直通地面的竖井、进排风口和排烟口上端，都应做好防雨水处理。在直通地面的人员、车辆出入口，应设挡水台阶、截水沟、排雨水泵房，将雨水随时排到工程以外。下沉式广场也应设置排雨水泵房，防止广场内积水。

④ 雨季因城市排水能力不足而出现短时间街道积水，则应在地下空间的口部采取适当的挡水措施。当积水较浅时，可用沙袋堆积成挡水墙，或用混凝土现浇成分水龟背，然后照常使用地下空间。当积水较深时，可临时加高门槛，或用防水挡板插入预留沟槽内以挡水。如果洪水来势很猛，出现淹没性险情时，应立即将口部的防护密闭门（带密闭封胶条）关闭，其他孔口也予以封堵，将洪水拒于门外，此时，暂停地下空间的运营。

从长远来看，如果能在深层地下空间内建成大规模地下储水系统，则不但可将地面上的洪水导入地下，有效地减小地面洪水压力，而且还可将这些多余的水储存起来，综合解决城市在丰水期洪涝而在枯水期又缺水的问题。若设法（如通过渗透池、注入井等）使这些水量逐渐返回地下含水层，则对调节地下水位、减慢城市地下水位降低速度将是十分有利的。我国北方一些缺水的城市（如北京、西安等），如能采取这种做法，将会收到良好效果。

这些措施在国外已经有先例，诸如“首都圈外围排水路”是日本为应对春日部市等地区经常受到台风、洪水的困扰，于1992—2006年建设完成的大型地下排水系统。该系统长6.3 km，由内径10 m左右的下水道将5个深约70 m（相当于22层楼房的高度）、内径32 m的大型竖井连接起来，前4个竖井里导入的洪水通过下水道流入最后一个竖井，集中到一座由59根高18 m、重500 t的大柱子撑起的巨型调压水槽。该水槽高25.4 m，长177 m，宽78 m，总储水量达到670 000 m^3。来自周边的洪水在这里汇聚，水势被调整平稳后通过4台大功率的抽水泵排向江户川，最大排水量达到每秒200 m^3。“首都圈外围排水路”能有效地调节洪水，使得东京原来在暴雨袭击下变得脆弱不堪的城市排水系统得到加固，建成后的当年，该流域遭水浸的房屋数量由最严重年份的41 544家减至245家，浸水面积由27 840 hm^2减至65 hm^2，对日本琦玉县、东京都东部首都圈的防洪、泄洪起到了极大作用（图9-3）。

最近，我国广州正在筹划建造全国首个建深层隧道排水系统的城市，将在地下40 m

图 9-3　巨型调压水槽

多的地方建成一主七副深隧系统，隧道总长 86.42 km，能够提供 165.2 万 m^3 的调蓄容积，并结合竖井建设 5 座排涝泵站和 1 座污水处理厂，有望彻底解决广州的“内涝”问题。

9.4.6　地下空间与城市防火系统设计

火灾时最不容忽视的地下空间灾害，一旦发生，地下空间的封闭性会产生更多的烟雾，它在地下空间中所造成的危害将远远超过地面同类事件。例如 2003 年韩国大邱地铁火灾，造成 192 人死亡，148 人受伤，289 人失踪，财产损失 47 亿韩元，地铁重建费用 516 亿韩元。

地下空间火灾防灾减灾主要措施如下。

9.4.6.1　建筑防火设计

防火分区是有效防止火区扩大和烟气蔓延的重要措施，在地下空间火灾中其作用尤其突出。根据建筑的功能，分区面积一般不应超过 500 m^2，而安装了喷水灭火装置的建筑可适当放宽。地下空间必须设置足够多和位置合理的出入口。一般的地下空间必须有两个以上的安全出口。参考日本地下街的要求，两个对外出入口的距离应小于 60 m。对于那些设置若干防火分区的地下空间，每个分区都应有两个出口，其中一个出口必须直接对外，以确保人员安全疏散。对于多层空间，应当设有让人员直达最下层的通道。同时，必须有明显的安全出口和疏散指示标志。

9.4.6.2　防排烟系统设计

许多案例表明，地下空间火灾中死亡人员基本上是因烟致死的。为了人员的安全疏散和扑救火灾，在地下空间中必须设置烟气控制系统，设置防烟帘与蓄烟池等方法有助于限制烟气蔓延。负压排烟是地下空间的主要排烟方式，可在人员进出口处形成正压进风条件，排烟口应设在走道、楼梯间及较大的房间内。为了确保楼梯前室及主要楼梯通道内没有烟气侵入，还可进行正压送风。对设有采光窗的地下空间，亦可通过正压送风实现采光窗自然排烟，采光窗应有足够大的面积，如果其面积与室内平面面积之比小于 1/50，则应增设负压排烟方式。

对于掩埋很深或多层的地下空间，应当专门设置防烟楼梯间，在其中安置独立的进风与排烟系统。

9.4.6.3 火灾探测与灭火系统设计

地下空间应加强火灾自救能力。

① 探测设备的重要性在于能够准确预报起火位置，应当针对地下空间的特点选择火灾探测器，例如选用耐潮湿、抗干扰性强的产品。

② 安装自动喷水灭火系统是地下空间主要消防手段。我国已有不少地下空间安装了这种系统，但仍不普遍。

③ 地下空间不允许使用毒性大、窒息性强的灭火剂，例如四氯化碳、二氧化碳等，以防对人们的生命安全构成危害。

④ 事故照明及疏散诱导系统设计。

地下空间除了正常照明外，还应加强设置事故照明灯具，避免火灾发生时内部一片漆黑。同时应有足够的疏散诱导灯指引通向安全门或出入口的方向。有条件的建筑还可使用音响和广播系统临时指挥人员合理疏散。

⑤ 使用管理。

a. 加强对地下空间中存放物品的管理和限制。不允许在其中生产或储存易燃、易爆物品和着火后燃烧迅速而猛烈的物品，严禁使用液化石油气和闪点低于 60 ℃的可燃液体。

b. 地下空间装修材料应是难燃、无毒的产品。

c. 应确定合理的公共地下空间使用层数和掩埋深度。一般埋深达 5～7 m 时应设上下自动扶梯，地下部分超过二层时应设置防烟楼梯。

9.5 案例分析

9.5.1 某市面临的主要灾害

① 地震灾害：周边发生 6 级地震可能性较大；

② 城市气象灾害：城市暴雨内涝灾害、雷电灾害、城市大气公害等；

③ 城市信息安全与高技术犯罪；

④ 火灾与爆炸：火灾次数及损失进一步上升、公共场所火灾隐患严重且群死群伤风险高；

⑤ 交通事故：陆地、水上、航空、轨道、地铁等；

⑥ 特殊场所（超大地下空间、超高层建筑等）综合事故：

⑦ 城市生命线系统事故（断水、断电、断气等）；

⑧ 城市流行病及生物灾害等；

⑨ 城市工业化灾害与重大危险源；

⑩ 恐怖、战争威胁、核辐射风险等。

9.5.2 地下空间与某市复合立体综合防灾减灾系统设计

9.5.2.1 建设功能多元化的防灾空间节点

(1) 开发利用现有人防工程

某市人防工程利用率已达到50%,对尚未开发利用的,要本着"因洞制宜"、科学可行的原则,有计划有重点地尽力开发,主要规划项目是:

① 改造和完善现有干道,首先重点修复南北干道损毁段,使之恢复原有的贯通功能。其次是处理未完工的口部或竖井,确保干道整体防护功能;再是选择有利地段,开发具有良好效益的临街口部:配套修建湘春路人防主干道等三处排渍泵房。

② 改造和完善该市制药厂、汽车零部件厂、橡胶厂、水泵厂等单位工程,共计建筑面积1.5万 m^2,平时为生产、生活服务,战时转为生产急需的药品、汽车零部件、橡胶制品等。

③ 改造和完善该市大学医学院、附一院、附二院、附三院、中医院、市一医院等单位工程,平时为病房、药库、办公等,战时迅速转为地下中心医院、急救医院救护站、血库等。

(2) 加强新建或已建防灾空间功能多元化的建设

以为城市防洪而建设的沿江大道为例,通过建设绿化带、停车场、商场等配套设施,一方面大量增加绿化面积,另一方面充分利用滨水资源,较好地解决防洪堤与亲水近水之间的矛盾。

9.5.2.2 加强地下防灾空间建设

① 充分利用城市广场,修建平战两用、人防与城建同受益的大型骨干工程。广场地下车库,建筑面积1.8万 m^2,平时为社会停车场,战时为治安等专业队工程;火车站西广场地下街,建筑面积2万 m^2,平时为商业、文娱等综合体和车站路过街地道,战时为人员掩蔽工程;火车站东广场地下街,建筑面积1万 m^2,平时为社会停车场,战时为消防等专业队工程;溁湾镇广场地下工程,建筑面积3 000 m^2,平时为过道兼文娱综合体,灾时为人员掩蔽和物资库。

② 结合城市基础设施建设,修建平灾两用的地下交通、管线工程。人民路地下电缆隧道,全长18.25 km,建筑面积6万 m^2,平时为电力管道,战时为疏散干道。

③ 结合各专业单位基建,修建平灾两用地下粮油库、物资库等工程;省机电公司附建式物资库,建筑面积0.6万 m^2,平时为汽车交易场所,灾时为物资库;面条厂车间,建筑面积0.3万 m^2。

④ 结合民用建筑修建防空地下室:该项建设是人防建设与城市建设相结合的重要组成部分,既开发了地下空间,节约了城市用地,又能增强平时抗震、战时抗毁的能力。

9.5.2.3 城市立体防灾减灾空间系统设计

该市现有防灾空间的缺陷主要是分布不均,各防灾空间功能单元或地上、地下防灾空间之间缺乏联系,不能形成防灾空间资源的合力。因此,以形成复合立体的城市防灾空间网络为目的,对该市防灾空间整合提出以下建议:

(1) 在水平层面加强城市分散的防灾空间单元之间的联系

建立以快速路、主干路为骨架，交通轴向明确，次级道路健全，支路完善的城市道路网，拉通被单位用地或胡同式小道隔离的防灾空间单元，形成布局合理、联系通畅的城市防灾空间体系。

(2) 在垂直层面加强地上、地下防灾空间的联系

在城市中心区、建筑密集区等存在地下空间的区域，通过加强地上、地下空间的联系，改善城市交通状况及生态环境，同时将人流引向地下以发掘地下空间的经济效益。如地下商业街进一步向北延伸与立交桥下地下过街通道相连，并使其出入口与路口周边的几大商场结合，一方面为商业区积聚人流，另一方面缓解立交桥下混乱的交通。再如市百货商圈为步行街衔接，在步行街一端，人流量与车流量都很大，交通状况很差，也带来很多安全隐患(如交通事故、消防通道不畅通等问题)，如果能采用立体化交通方式分离人流和车流，同时保证其连通状况，方便人们离开或进入各个商业空间(商业空间之间连通、步行与机动车道连通)，还可以为这一区密集的人口提供避难空间。

参考文献

[1] 北京市轨道交通设计研究院有限公司,等.城市轨道交通BIM应用指南[M].北京:中国建筑工业出版社,2018.

[2] 陈刚,李长栓,朱嘉广.北京地下空间规划[M].北京:清华大学出版社,2006.

[3] 陈志龙,刘宏.城市地下空间总体规划[M].南京:东南大学出版社,2011.

[4] 陈志龙,王玉北.城市地下空间规划[M].南京:东南大学出版社,2005.

[5] 稻田善纪.地下空间利用[M].东京:森北出版,1989.

[6] 冯卫星.石家庄城区交通拥堵分析[J].河北交通职业技术学院学报,2012(2):173-176.

[7] 韩英姿.上海世博园地下空间规划与实践[J].上海城市规划,2010(2):3-8.

[8] 李茜,付乐.简明地下结构设计施工资料集成[M].北京:中国电力出版社,2005.

[9] 刘荣桂.BIM技术及应用[M].北京:中国建筑工业出版社,2017.

[10] 李晓军,朱合华,解福奇.地下工作数字化的概念及其初步应用[J].岩石力学与工程学报,2006(6):1975-1980.

[11] 日本地下空间研究小委员会.地下空間の計画[M].东京:丸善(凳壳)1995.

[12] 施仲衡.地下铁道设计与施工[M].西安:陕西科学技术出版社,1997.

[13] 束昱.地下空间资源的开发与利用[M].上海:同济大学出版社,2002.

[14] 束昱,路姗,阮叶青.城市地下空间规划与设计[M].上海:同济大学出版社,2015.

[15] 松尾稔,林良嗣.都市の地下空间:開発、利用の技術上制度[M].东京:鹿岛出版会,1998.

[16] 同济大学,天津大学.土层地下建筑结构[M].北京:中国建筑工业出版社,1982.

[17] 童林旭.地下空间与城市现代化发展[M].北京:中国建筑工业出版社,2005.

[18] 童林旭,祝文君.城市地下空间资源评估与开采利用研究[M].北京:中国建筑工业出版社,2008.

[19] 杨其新,王明年.地下工程施工与管理[M].成都:西南交通大学出版社,2005.

[20] 羽根义,小林浩讯.地下空间のデザイン[M].东京:山海堂,1995.

[21] 张芳.场框架下的城市地下空间三维数据模型及相关算法研究[D].上海:同济大学,2005.

[22] 张庆贺,朱合华,等. 地下工程[M]. 上海:同济大学出版社,2005.

[23] 张芝霞. 城市地下空间开发控制性详细规划研究[D]. 杭州:浙江大学,2007.

[24] 周云,汤统壁,廖红伟. 城市地下空间防灾减灾回顾与展望[J]. 地下空间与工程学报,2006(3):467-474.

[25] 朱合华. 地下建筑结构[M]. 北京:中国建筑工业出版社,2005.

[26] 朱建明,宋玉香. 城市地下空间规划[M]. 北京:中国水利水电出版社,2015.

[27] 朱迎红. 杭州钱江经济开发区地下空间控制性详细规划研究[D]. 杭州:浙江大学 2012.